国家自然科学基金项目资助(51774292,51874314,51804312)
国家重点研发计划项目资助(2018YFC0808101)
中央高校基本科研业务费项目资助
中国矿业大学(北京)研究生教材出版基金资助

煤与瓦斯突出冲击气流传播特征数值模拟

周爱桃　王　凯　著

中国矿业大学出版社
·徐州·

图书在版编目(CIP)数据

煤与瓦斯突出冲击气流传播特征数值模拟 / 周爱桃,王凯著. —徐州 : 中国矿业大学出版社, 2020.5

ISBN 978-7-5646-4742-1

Ⅰ. ①煤… Ⅱ. ①周… ②王… Ⅲ. ①煤突出—防治—研究 ②瓦斯突出—防治—研究 Ⅳ. ①TD713

中国版本图书馆 CIP 数据核字(2020)第 072264 号

书　　名 煤与瓦斯突出冲击气流传播特征数值模拟
著　　者 周爱桃　王　凯
责任编辑 褚建萍
出版发行 中国矿业大学出版社有限责任公司
(江苏省徐州市解放南路　邮编 221008)
营销热线 (0516)83884103　83885105
出版服务 (0516)83995789　83884920
网　　址 http://www.cumtp.com　**E-mail**:cumtpvip@cumtp.com
印　　刷 江苏凤凰数码印务有限公司
开　　本 787 mm×960 mm　1/16　**印张** 9.5　**字数** 186 千字
版次印次 2020 年 5 月第 1 版　2020 年 5 月第 1 次印刷
定　　价 42.00 元

前　言

煤与瓦斯突出(简称突出)是煤矿采掘作业过程中,工作面周围煤岩体快速破碎、瞬间向巷道抛出或移动煤体、并大量涌出瓦斯的一种极其复杂的动力现象。我国是突出灾害最为严重的国家之一,而且随着煤矿开采强度的增加,许多矿井逐渐进入深部开采,地应力和瓦斯压力升高,一些未发生过突出的矿井也开始出现煤岩瓦斯动力现象。

由于当前的防突技术手段还不能完全杜绝突出事故的发生,因此为了减少突出发生后造成的损失,需要深入研究突出发生后的灾变规律,从而指导矿井采取可靠的突出后安全防护技术,合理设计矿井防灾抗灾系统,减小突出后灾害波及范围,这对突出矿井抗灾救护、灾变通风以及有效防止二次灾害事故的发生均具有重要的意义。

突出产生的冲击气流(冲击波以及煤与瓦斯两相流)是影响突出灾变规律的主要因素之一。突出冲击波具有较高的能量,能够造成人员伤亡、摧毁井下通风设施、诱导矿井风流逆转;突出产生的瓦斯气流能够进一步诱导矿井风流紊乱,导致瓦斯爆炸或人员窒息死亡。因此,本书重点对不考虑煤粉颗粒作用的瓦斯气流在井巷周边巷道的传播、在考虑煤粉颗粒作用时的冲击气流在井巷周边巷道的传播、突出源周边井巷和离突出源较远分支冲击气流传播特征进行了研究。

全书共分为6章。第1章介绍了煤与瓦斯突出现象、研究背景及意义,总结了前人在突出机理、突出瓦斯运移、气体冲击波衰减基础理论等领域的研究成果,针对前人研究的不足之处,提出了本书的研究内容。第2章进行了对突出煤粉瓦斯两相流相互作用基础理论分析,并对突出冲击波的形成与传播进行了研究。第3～5章采用数值模拟的方法,分别对不考虑煤粉颗粒作用的瓦斯气流在井巷周边巷道的传播、在考虑煤粉颗粒作用时的冲击气流在井巷周边巷道的传播、突出源周边井巷和离突出源较远分支冲击气流传播特征进行了分析。第6章通过数值模拟与实验的对比分析,对数值模拟的可行性进行确认。

本书是在作者近年来关于突出灾变规律的相关研究成果的基础上总结而

成的。成书过程中广泛参阅了前人的研究成果和国内外有关著述，在此谨致谢意。周凯硕士、范灵鹏硕士、马明飞硕士、李雷硕士参与了本书部分内容的研究工作，在此一并表示感谢。作者衷心感谢本书编辑为本书出版所付出的辛勤劳动。

本书中提出的许多新思想和新观点还有待于今后进行更深入细致的研究。由于作者水平有限，书中疏漏不足之处在所难免，恳请读者批评指正。

作　者

2020 年 2 月

目　　录

1 引 言

1.1 研究背景及意义

煤与瓦斯突出(简称“突出”)是采煤或掘进工作面迅速破碎煤体、快速向巷道空间抛出煤体、迅速涌出瓦斯等气体的一种极其复杂的动力现象。抛出的煤岩体和瓦斯气流具有很大的危害,冲击超压会破坏井下通风设施,瓦斯气流具有极高的压力和速度,能逆风流传播充满几百至上千米长的巷道,甚至可能会逆流整个矿井,当一定浓度的瓦斯气流遇到明火等点火源,就可能发生瓦斯爆炸等次生灾害。

近年来,我国发生了多次突出事故。例如,2004 年大平煤矿发生的岩石掘进工作面特大型突出事故,造成 148 人死亡;再如,2009 年 11 月黑龙江鹤岗新兴煤矿的三水平发生了严重的突出,突出煤粉瓦斯流使井巷风流方向发生逆转,导致硐室的瓦斯浓度超限,并引起了瓦斯爆炸,最终造成 108 人死亡。由此可见,我国突出事故引起的灾害,形势依然不容乐观,防治突出工作任重而道远。

为了有效防治突出事故的发生,目前国内外学者的研究重点侧重在两个方面:一方面是对突出机理的研究。世界各国的研究人员在突出机理方面做了大量的工作,经过多年来的现场调查研究、理论分析以及实验研究等,提出了多种突出机理,但是这些机理都是建立在一定的假说基础上的,不能够很好地解释已经发生的突出事故。另一方面,在防突技术和管理方面开展了大量的科学研究和现场实验工作,形成了突出防治的区域综合防突措施及局部综合防突措施,并研制了一系列突出预测预报的装备和仪表,形成了一套防突技术和管理体系。虽然大型突出事故已大幅度减少,但是由于突出机理尚不清楚,以目前的研究成果和技术管理手段,要完全杜绝突出灾害尚不可能,突出事故仍时有发生。

当突出事故发生时,突出过程中产生的高压瓦斯流与破碎的煤岩粉会迅速从煤壁喷向采场或巷道空间,具有很高的能量,能产生具有较大破坏性的冲击气流,而且可能使风流发生逆转,高浓度瓦斯沿冲击气流扰动区域流动并逆流入进风巷。煤与瓦斯突出发生过程中,瞬间大量涌出的瓦斯具有很高的初速度和气压,进入巷道后,在巷道中迅速膨胀,并压缩巷道内原本静止的空气,使接触锋面附近气体的压力、密度以及温度急剧升高,形成压缩区域,压缩区域向前传播并逐渐叠加,在很小的范围内产生各物理参量的突变从而形成突出冲击波或者激波。由于冲击波属于压缩波,其在介质中的传播速度一般要远大于声速,但冲击波在传播过程中,其波阵面的压力会快速衰减,其在介质中的传播速度也会逐渐减小,最终衰减为介质中的声速。冲击波固然是突出过程中产生巨大破坏作用的根源,但冲击波之后的高速瓦斯气流同样也是引起风流逆转、人员窒息等事故的主要原因之一。因此,对突出后煤粉瓦斯两相流在煤矿井下巷道中的传播特性进行模拟研究,对传播过程中气固两相间相互作用规律进行总结分析,可以为突出矿井进行突出事故应急预案的制定、抗灾安全系统的设计、灾后通风处理等提供理论依据,有着极其重要的实际价值[1-5]。

1.2 国内外研究现状

1.2.1 突出机理的研究

突出是一种极其复杂的动力现象,国内外学者对突出的机理还没有准确的定论,为了解释突出事故的发生,提出了大量的假说[6]。

(1) 瓦斯主导作用假说

瓦斯主导作用假说主要有:瓦斯包说、粉煤带说、煤孔隙结构不均匀说、突出波说、裂缝堵塞说、闭合孔隙瓦斯释放说、瓦斯膨胀说、卸压瓦斯说、火山瓦斯说、地质破坏带说、瓦斯解吸说等11种假说。

这类假说认为煤体内存储的高压瓦斯在突出中起主要作用。其中“瓦斯包”说占重要地位,认为“瓦斯包”是突出的动力来源。

(2) 地应力主导作用假说

地应力主导作用假说主要有:岩石变形潜能说、应力集中说、塑性变形说、冲击式移近说、拉应力波说、应力叠加说、放炮突出说、顶板位移不均匀说等8种假说。

这类假说认为煤和瓦斯突出主要是高地应力作用的结果。高地应力包括两个方面:一方面指自重应力和构造应力;另一方面指工作面前方存在的应力集中。

(3) 化学本质主导作用假说

化学本质主导作用假说主要有:瓦斯水化物说、地球化学说、硝基化合物说等3种假说。

这类假说认为突出主要是在化学作用下形成高压瓦斯和产生热反应。

(4) 综合作用假说

该假说将煤与瓦斯突出发生的机理理解为是各方面因素共同作用而诱发的。综合作用假说主要有：振动说、分层分离说、破坏区说、游离瓦斯压力说、地应力不均匀假说、能量假说等。这类假说认为，突出是由地应力、瓦斯压力及煤的物理力学性质等综合作用的结果。

综合作用假说对突出的发生和发展的解释相对其他的假说更加合理。认为突出是受到瓦斯压力、地应力及煤的物理力学性质三种因素共同作用的结果。蒋承林、俞启香[7]通过对突出过程的理论分析，提出了煤与瓦斯突出机理的球壳失稳假说，并通过大量的实验室研究，证实了球壳失稳假说的两个推论，同时，还对球壳失稳假说在指导突出过程中的某些现象及防空措施方面所起的作用做了解释和分析；梁冰、章梦涛[8]根据含瓦斯煤的流变破坏机理，将时间效应考虑在内，提出了突出的失稳破坏机理和判据，建立了数学力学模型，为煤和瓦斯突出的预测和防治提供了理论基础；安徽理工大学的穆朝民[9]研究了含瓦斯煤的力学性能，研究了含瓦斯煤的变形、渗流和破坏受本体有效应力和结构有效应力双重有效应力控制，揭示了等效孔隙压力系数 α 在含瓦斯多孔介质煤全应力-应变过程中的变化规律，利用等效有效应力将含瓦斯煤应力变化过程中的变形破坏和煤的渗流特性有机地联系起来，结合潘三煤矿的煤巷特点，利用数值模拟的方法，模拟出了煤巷掘进中突出的过程，之后又根据流体力学等知识，建立了固流耦合的数学模型。

安丰华[10]运用岩石力学、渗流力学、吸附理论等理论方法，基于双重孔隙介质模型建立了煤与瓦斯突出发动之前煤岩-瓦斯演化控制方程，以有效应力、吸附变形及渗透性演化等耦合项来表明瓦斯场-煤岩应力应变场之间相互作用，并通过突出能量条件来表征突出倾向性，通过数值模拟分析了瓦斯压力、地应力、煤的物理化学性质对突出能量的影响，以及突出能量的分布、演化对突出孕育、失稳的影响控制作用。

颜爱华等[11]利用自行设计的实验装置，分别向实验装置煤样中充入吸附能力较大的 CO_2 和吸附能力较小的 N_2 来模拟不同级别的煤与瓦斯突出现象，研究结果表明：瓦斯压力越大，突出强度越大；当瓦斯压力相近时，吸附和解吸能力大的瓦斯突出强度大。利用数值模拟再现了煤矿开采过程中诱发突出全过程，同时验证了突出是瓦斯压力、地应力及煤岩体的力学性质综合作用的结果。

Paterson[12]借助建立数学模型的方式，对突出机理进行了研究分析，最终将突出理解为：作业地点煤层内存在瓦斯压力梯度，瓦斯压力梯度可以使煤层发生局部结构失稳，进而导致突出事故的发生。

Beamish 等提出了“能量假说”[13]，该假说将突出的主导因素归结为是煤的弹性能和瓦斯膨胀能。当煤体受到外界强扰动时，煤体弹性能将释放并将煤体粉碎，瓦斯膨胀能则会促进粉煤的运移。该假说是对“综合作用假说”的一种补充完善，其中的大部分观点至今仍具有指导意义。

张庆贺[14]对型煤试件的煤体弹性能、瓦斯膨胀能进行了实验室测定，得出了型煤试件变形破坏过程中的能量变化规律；对突出的煤体弹性能、瓦斯膨胀能等主要潜能和煤体破碎功、抛出功等主要耗能进行了理论分析，构建了能量方程，分析了突出的主要能量来源；分析了相似准则的建立方法和难点，在相似准则的指导下，研制了煤岩相似材料和瓦斯相似气体，开展了突出物理模拟相似准则研究，满足了“固-气”耦合模拟实验需求；分析了当前突出模拟实验仪器的优势和不足，研发了大型相似模拟实验仪器。研究表明：煤体弹性能、瓦斯膨胀能是突出的主要能量，煤体破碎功和抛出功是能量的主要耗散方式；基于能量方程推导得出了相似准则，得到了容重、孔隙率、吸附性、弹性模量、泊松比、内聚力、内摩擦角等参数关系的相似准数。

上述研究都在不断发展和完善着突出机理，对认识突出理论有很大指导意义。

1.2.2 突出瓦斯运移的研究

国内外学者在瓦斯运移方面也展开了大量的理论和实验研究。

张再镕等[15]应用微积分理论，建立突出后瓦斯涌出量计算模型。高建良等[16]利用了计算流体力学理论，分析不同的巷道倾角、不同的风速条件下，瓦斯在巷道中的逆流情况，分析巷道风流中瓦斯逆流区的长度、浓度分布以及瓦斯层厚度的变化，得出倾斜巷道中瓦斯逆流的一般规律。结果表明：在下行通风风速较小的情况下，当瓦斯从顶板涌出时，巷道中将出现明显的瓦斯逆流现象；在发生瓦斯逆流时，风速越高，瓦斯逆流的区域越小，瓦斯层的厚度越薄、长度越短；下行通风有利于空气和瓦斯的混合，且倾角越大，瓦斯与空气混合的能力越强，顶板逆流瓦斯层的范围越小。

孙东玲等[17]利用自主研发的煤与瓦斯突出动力效应模拟实验装置，在 H 形巷道布置条件下进行了突出过程煤粉瓦斯两相流运移规律的实验研究，结果表明：在气体压力为 0.35 MPa 时，共突出煤粉 60.453 kg，煤粉主要堆积于主巷内，且呈梯形分布，联络巷与支巷内几乎没有煤粉堆积；沿巷道同一测点的气体压力在极短时间（$t<1.5$ s）内发生多次波动，主巷道内不同测点气体压力峰值基本沿巷道呈衰减趋势。同时，通过实验验证了突出过程冲击波的存在，主巷内冲击波传播速度为 368.1～434.2 m/s。

Dziurzynski 等[18]基于瓦斯传质流动、通风理论中的气体流动数学模型，编写了计算机模拟程序，然后根据个别矿井的突出扰动的边界条件，并利用突出区域附近的瓦斯传感器所监测的瓦斯浓度变化数据，作为突出的瓦斯涌出量，对瓦斯气流沿巷道流动的过程进行了数值模拟计算。

黄双杰等[19]建立了突出后瓦斯在巷道内的一维非定常模型，运用特征线的方法，求出了瓦斯对矿井安全构筑物的最大冲击力的变化规律以及其与风门安设位置之间的关系。并以白皎煤矿"3·27"事故时通风系统参数，模拟计算了瓦斯的逆流情况，计算结果与实际相吻合。

李慧等[20]利用自主研制的煤与瓦斯突出模拟实验装置，结合数值模型的建立，在实验和数值模拟的基础上，分析研究了低渗透性突出煤层在煤与瓦斯突出过程中瓦斯的运移规律，研究结果表明：低渗透性突出煤层在受地应力或移动支承压力的反复作用下，煤体渗透性增加，吸附态瓦斯解吸，内部瓦斯压力升高，并呈初期增长速率较快、之后逐渐变小、最后变缓的趋势；同时，游离态瓦斯向气体压力低的采掘空间方向运移，当大量的游离瓦斯不能及时扩散、运移到外界，导致煤体内部瓦斯压力持续升高并积聚到一定程度时，就会与地应力共同作用而造成煤与瓦斯的突出。

周俊[21]实验研究了瓦斯在水溶液中的溶解规律，研究表明，在低温条件下，温度对瓦斯的溶解度影响效果较弱；开展了不同实验条件下瓦斯在水中的扩散规律研究，结果表明，瓦斯在水中的扩散系数受初始压力的影响较大，随初始压力的升高而逐渐增加；研究了瓦斯扩散系数、煤层渗透率和水饱和半径对瓦斯抽采量及卸压效果的影响，结果表明，残余瓦斯压力随扩散系数的增大而减小，随水饱和区域半径的增大而增大。

虎维岳等[22]分析了瓦斯在煤基多孔介质中的运移条件，推导和讨论了瓦斯在煤基多孔介质中运移扩散的基本方程和影响因素，分析了煤与瓦斯突出产生的机理和渗透力学条件。提出瓦斯在煤基多孔介质中的运动是孕育煤与瓦斯突出的前提，而瓦斯压力梯度与浓度梯度的存在是驱动瓦斯在多孔介质中运动的内动力。

1.2.3 突出冲击波衰减规律研究

目前，对煤与瓦斯突出冲击波的研究并不多，且大多集中于国内。对煤与瓦斯突出冲击波衰减规律的研究大致经历了理论研究、实验验证、数值模拟分析几个阶段。

程五一等[23-24]最早通过空气动力学理论建立起了突出冲击波超压传播的数学模型，得出超压与煤层瓦斯压力存在非线性关系、与突出强度存在线性关系等结论。

张强等[25]在此基础上分析了理想状态下冲击波的传播规律，建立了其传播模型，并根据突出的能量，在假设突出冲击波为强冲击波的前提下，细化了超压与传播距离之间的关系方程。

胡千庭等[26-27]进一步结合实际考虑了突出过程破碎煤体的作用，将单纯的突出瓦斯流丰富为煤粉瓦斯两相流模型，对不同流动状态下冲击波的形成机制进行了分析。研究表明：当孔洞中喷出的煤粉瓦斯两相流未超过临界状态或处于低度未完全膨胀状态时，流体在巷道空间完全膨胀后的速度较低，产生的冲击波超压值较小；当高度或超高度未完全膨胀流体在巷道空间中膨胀时，如果巷道空间足够大，则流体将进行"爆炸式"加速过程并可能产生强冲击波；而如果巷道空间受限时，最终形成的冲击波的超压值较小，但两相流的动压和膨胀过程中的气体静压可能会严重破坏矿井生产设备或设施。

苗法田等[28]运用经典气体动力学理论，对突出孔洞内煤粉瓦斯两相流的运动参数进行了一维讨论，推导了压力、密度、速度及流量等参数之间的数学函数关系，分析了突出过程中煤粉瓦斯两相流流动的临界状态以及与其相关的两相流声速理论，并通过数值模拟和现场实例对临界流动理论进行了直观描述。研究表明：在煤与瓦斯突出过程中，煤粉瓦斯两相流的出口流动状态与孔洞形态、瓦斯压力、煤体破坏速度、瓦斯含量等因素密切相关。

另外李利萍等[29]将煤与瓦斯突出过程的瓦斯突出视为连续射流，应用伯努利方程，建立了瓦斯射流的数学模型，得到了瓦斯突出射流流速和流量表达式，在此基础上考虑突出口压力和突出口直径影响，进行了瓦斯射流的数值模拟，得到了突出压力与突出射流最大速度、突出压力与射流流场分布、突出口直径与突出影响范围间关系规律。模拟结果表明：突出口压力与突出射流最大速度近似呈线性关系，在一定条件下射流流场分布具有甩尾效应，突出口直径越大，其突出影响范围越大。

魏建平等[30]进行了多次煤与瓦斯突出冲击波研究的相关实验，模拟煤与瓦斯突出。以空气动力学基本理论为指导，对突出冲击波在直线和拐弯巷道传播时的实验数据进行分析，得出了突出冲击波在直线和拐弯巷道中的传播规律。结果表明煤体的瓦斯压力和冲击波初始超压关系密切，推导出了冲击波传播的超压公式和冲击气流的速度表达式；相同压力下，单纯受压气体比煤体产生的初始超压大，从冲击波波形看单纯受压气体有明显的负压相，而煤体产生的冲击波只有正压相。

朱会启[31]模拟研究了煤与瓦斯突出后实验管道内突出冲击波传播规律，对巷道内煤与瓦斯突出冲击波的传播特性进行了研究和总结。自行设计加工一套煤与瓦斯突出实验系统，分析了突出发生与发展对冲击波传播的影响因素（突出参与的煤量、参与的瓦斯量与瓦斯压力、实验管道的布置与粗糙程度等），推导出冲击波传播的超压公式和冲击波阵面的速度表达式。研究表明：产生冲击波大小的影响因素比较多，其中最为重要的是煤体内存储的瓦斯膨胀能（煤与瓦斯突出的强度），而突出产生的初始超压与瓦斯压力有着密切的关系。

张玉明[32]则较早采用数值模拟的方法，利用 Fluent 软件建立突出二维简化模型，具体设置选用两相流模型，分别采用压力入口和速度入口边界条件研究了煤与瓦斯突出两相流的运动状态。

随后王凯、周爱桃等[33-39]对突出冲击动力的传播特征进行了较为系统的研究，通过理论分析、实验研究等方法进一步完善了冲击波传播规律的数学关系式。另利用 Fluent 数值模拟的手段，沿用以往简化的二维模型，改进了以往速度入口和压力入口边界条件，定义原始突出区域为高压力区，系统分析了突出冲击波在直巷、拐弯巷道、分叉巷道以及变截面巷道中传播的衰减特征，同时尝试完善了突出固气两相流模型。

蒋承林等[40]应用应力波理论，为更好研究突出冲击波在复杂巷道的传播规律，进行了煤与瓦斯突出过程中产生的冲击波在煤体界面上的反射、透射现象的研究。

1.2.4 目前研究中存在的主要问题

（1）较少考虑突出煤粉和瓦斯气流气固耦合

前人对突出的冲击波传播特征及瓦斯逆流做了初步的探索，但是很少考虑突出煤粉与瓦斯的两相作用过程，而煤与瓦斯突出是典型的气固两相流动问题，它包含了瓦斯气体的流动以及固体煤粉颗粒的运动，以及两相间的相互作用，而且固体煤粉颗粒对瓦斯运移及突出产生的冲击波压力有较大影响。

（2）未考虑突出冲击气流在较远井巷分支中传播

由于井下巷道分支多，距离远，受实验条件和数值模拟计算能力的限制，目前针对突出冲击波衰减规律研究仅局限于突出源附近，而在实际突出过程中，突出冲击波具有强大的冲击动力，传播距离较远，且突出冲击波传播速度要比瓦斯-煤粉流快得多，能瞬间在各主支巷产生强大的超压，因而对井下设备以及通风网络具有很强的破坏作用。且突出过程中，冲击波超压受传播距离、巷道类型的变化以及障碍物的阻隔是动态变化的。因此，研究突出冲击波在较远分支巷道中传播规律是必要的。

针对前人研究存在的问题，本书结合理论分析、数值模拟等研究方法和手段，建立突出煤粉瓦斯两相流动力传播特征的非稳态模型，利用 Fluent 软件分析突出冲击气流传播特征；利用 Fluent-Edem 耦合计算方式，对突出煤粉、瓦斯耦合作用机理以及两相传播特征做进一步分析；利用 Fluent-Flowmaster 耦合方式对突出冲击波在全风网中的传播过程进行模拟。

1.3 研究内容

（1）突出煤粉瓦斯两相流形成、传播与相互作用理论分析

根据突出机理及空气动力学等基础理论，分析突出冲击气流的形成机理，建立突出煤粉瓦斯两相流动传播特征的非稳态模型。根据流体力学的知识，分析气固两相流动中各相间的相互作用，阐明固体煤粉对瓦斯运移及突出产生的冲击波压力的影响。

（2）基于 Fluent 软件的突出煤粉瓦斯两相流数值模拟

基于 Fluent 软件，提出数值模拟的初始条件和边界条件；研究不考虑煤粉颗粒作用的瓦斯气流在井巷周边巷道的传播。分析不同煤粉颗粒体积分数、不同瓦斯压力对煤粉瓦斯两相流动力衰减的影响；研究突出煤粉瓦斯两相流在直巷、分叉巷道中的传播特征，得出煤粉瓦斯两相流动力在不同类型巷道的衰减系数，并进一步得出煤粉瓦斯两相流动力衰减规律。

（3）基于 Fluent-Edem 耦合突出煤粉瓦斯两相流数值模拟

基于 Fluent-Edem 耦合，研究在考虑煤粉颗粒作用时的冲击气流在井巷周边巷道的传播。建立突出两相流模拟运算模型（突出煤粉瓦斯两相流的三维非稳态欧拉-拉格朗日模型），模拟分析煤粉颗粒体积分数、突出压力对突出煤粉瓦斯两相流动规律的影响，得出煤粉瓦斯两相流在不同类型巷道中的突出运移规律；将数值模拟得到的突出两相流动特性与突出实验得到的数据及 Fluent 独立模拟得到的数据进行对比分析，找出它们存在的异同点，总结得出突出后煤粉、瓦斯气体的运移规律。

（4）基于 Fluent-Flowmaster 耦合突出煤粉瓦斯两相流数值模拟

基于 Fluent-Flowmaster 耦合，研究突出源周边井巷和离突出源较远分支冲击气流传播特征，实现冲击气流在全风网中传播特征数值模拟。以实验数据和理论定性参数为参考，结合现场实际突出案例，对突出冲击波在井下风网传播规律进行详尽的分析。通过运用耦合方法，模拟直巷道突出情况下超压冲击波的衰减规律，通过与非耦合情况以及实验数据对比，验证 MPCCI 在解决突出冲击波传播多维度耦合问题中的可靠性；选取实际突出案例，利用简化的通风网络模型，采用 MPCCI 耦合方法检验其工程运用的实际意义。

1.4 技术路线

本书的技术路线如图 1.1 所示。

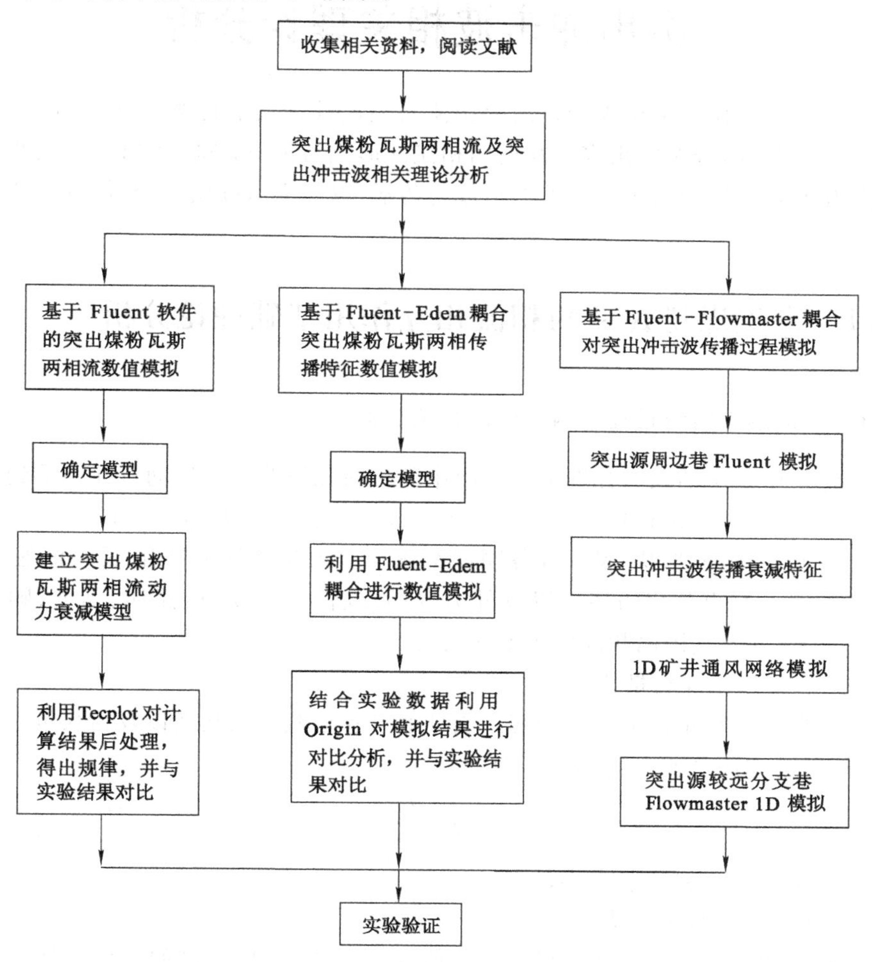

图 1.1　技术路线图

2 突出煤粉瓦斯两相流及突出冲击波相关理论分析

为了深入研究突出煤粉瓦斯两相流与突出冲击波的传播特征，本章将从理论分析的角度，分析突出煤粉瓦斯两相流的形成与传播特征、突出煤粉瓦斯两相流的相互作用以及突出冲击波的形成与传播，以便为后续模拟分析、数值计算提供理论基础。

2.1 突出煤粉瓦斯两相流相互作用基础理论分析

2.1.1 影响突出煤粉瓦斯两相流的相关参数

煤矿中发生的煤与瓦斯突出事故中的煤粉瓦斯两相流流动特性会受到物理性质、发生条件和过程环境等众多因素的影响。这些影响因素中的过程环境因素主要有：巷道的形状、尺寸等各物理参数[41]。发生条件主要有：瓦斯流速度 v、操作温度 t、突出各相的多少以及外力等；物理性质主要有：流体、黏度、颗粒密度 ρ、粒径 D 及气固两相间的界面张力等。

(1) 瓦斯与煤粉量比值

瓦斯与煤粉量比值是一个用来表征通过巷道截面的瓦斯以及粉煤量的物理量，通常简称固气比，用 μ 表示，即

$$\mu=\frac{G_S}{G} \tag{2-1}$$

式中 G_S——煤粉流量大小；

G——瓦斯流量大小。

观察式(2-1)，可以从中得到该比值的物理意义：单位量的瓦斯气体所能携带的粉煤量。但从煤粉方面考虑，此式对于粉煤运移的实际情况则不能清晰地展示出来。

(2) 突出的瓦斯流速度

突出的瓦斯流速度 v 也是一个不能忽视的重要影响因素。产生突出事故后，瓦斯以及煤粉的涌出量相对是一个定值，也就是说固气两相的质量(体积)比值是恒定的。巷道内的瞬时横截面积和突出巷道原始横截面积之间存在一种确

定关系，即如果假设巷道的原始横截面积为 S，当部分煤粉逐渐在巷道底部沉降后，煤粉必然会占据一定的巷道横截面积 S_A，由此就可以得到气流通过的净截面积 $S_P=S-S_A$。从中可以看出相比原始面积，该截面积 S_P 显然变小了。因此瓦斯流的真实速度 v_a 要比视在速度 v 大，可推导如下：

$$v=\frac{G}{\gamma A} \tag{2-2}$$

$$v_a=\frac{G}{\gamma_S(A-A_S)} \tag{2-3}$$

整理合并上述两式子可以得出：

$$v=\frac{v_a}{1+\frac{\gamma}{\gamma_S}\frac{A_S}{(A-A_S)}} \tag{2-4}$$

通过上式不难得出突出瓦斯气体的真实流速 v_a 总是大于突出瓦斯的视在速度 v。如果增加突出巷道中某一个截面上的煤粉质量，那么煤粉所占的截面必然变大，就会使瓦斯气流速度变大，导致瓦斯气流运移煤粉的能力加强，煤粉也就会随着加速。

（3）粉煤颗粒球形度

现实中的粉煤颗粒基本不是球状的，并且大部分都是形状极不规则的块状。因此，在进行理论分析以及模拟计算的时候把煤粉颗粒看作是球形必定会与现实情况有一定出入，这就需要在理论公式的基础之上加上矫正系数对原公式进行修正。球形度的物理意义顾名思义，即颗粒接近球形的程度，可如式(2-5)表示：

$$\varphi=\frac{A_g}{A_p} \tag{2-5}$$

式中 A_g——煤粉颗粒的当量表面积；

A_p——煤粉颗粒的实际表面积。

颗粒的球形度与孔隙率有一定联系。由式(2-5)可见，煤粉颗粒的球形度与固相的孔隙率在一定程度上是负相关的，在一定程度内，颗粒的球形度越高，固相的孔隙率越低。因为不规则的颗粒可以互相交错，减少孔隙的存在。

（4）松弛时间

矿井下发生突出事故后，煤粉与瓦斯两相必定会因自身属性而产生速度差及温度差等。在这些众多差异因素作用下，气固两相之间难免会产生相互作用：煤粉颗粒会受到突出冲击气流的曳力作用，突出气流的运动也会受到煤粉颗粒阻力作用的影响，而且两相之间在相互接触相互作用的过程中必然有可能发生热量、能量交换。这样相互作用的结果又会使它们的速度、温度逐渐趋于相等，最终在一种相对平衡的状态中稳定。气固两相流在速度以及温度的峰值时的差值决定了它们在最终平稳状态时的速率。这种两相间参数的趋近平衡过程被视为松弛过程。这个过程通常用松弛时间表征。

2.1.2 突出煤粉瓦斯两相流动形态分析

煤矿在正常作业时,井下巷道内的气体是处于稳定状态的定常运移。但是当发生煤与瓦斯突出事故后,便会从工作面以极高的速度与压力喷出大量的瓦斯气体以及煤岩等,根据喷出的能量、速度不同可以将这个过程分为突出、压出和倾出这 3 种不同的形式。由于煤矿井下的工作空间非常狭小,巷道狭长,突出后冲击气体如同一个活塞在巷道中向前推进,在推进过程中,巷道中的空气就会被压缩,形成压力、速度以及密度等物理量的峰值。这个峰值就是冲击波波阵面上的瞬时值,冲击波往后传播将引起后面气体的瞬时值发生突越。

在煤层开采过程中,外层煤在破碎后增大了新煤层与空气的接触面积,进而引起煤壁中的瓦斯逐渐涌入工作面,造成工作面瓦斯浓度升高。工作面煤壁瓦斯涌出量的大小与煤壁暴露时间的长短、煤层瓦斯压力和煤岩体之间的孔隙结构等因素有关,即

$$Q = DvK\left(2\sqrt{\frac{L}{v}} - 1\right) \tag{2-6}$$

式中 Q——煤壁中的瓦斯涌出量;

D——开采煤壁的面周长;

L——巷道长度;

v——巷道平均掘进速度;

K——煤壁暴露在空气中的瓦斯涌出速度。

煤与瓦斯突出事故发生后,煤矿井巷中煤粉颗粒的体积浓度明显要比煤矿正常生产作业时的浓度稠密很多,这样一来突出两相流形成和传播的各个时期所处的巷道均是一种含有高浓度煤尘的状态。煤尘稠密程度会在很大程度上左右煤粉瓦斯两相流的运移情况。固相煤尘在与冲击气体相互作用的过程中会从突出气体中吸收大量的能量,因此会降低冲击波的超压以及冲击波对巷道设施的破坏作用,但是另一方面,由于后续瓦斯气流中携带煤粉,导致瓦斯流质量升高,强化后续破坏作用[42-46]。

随着突出瓦斯气体及煤粉颗粒速度的变化,两相流动会形成悬浮流、管底流、疏密流等不同类型的流动形态。而对于这些不同的流动形态,它们的流动特征、相间作用力以及与壁面阻力的规律又不是完全一致的。通常情况下,不同种类的流动形态,流动规律不同,相互之间不可以交叉运用。

瓦斯气流的速度以及气流中运移的煤粉量的多少是决定两相流动形态变换的主导因素。这些形态从表观现象上可分为悬浮运动和集团（塞状）运动两大类。这两大类中又有众多具体的分类形态，其中的具体分类情况如图 2.1 所示。

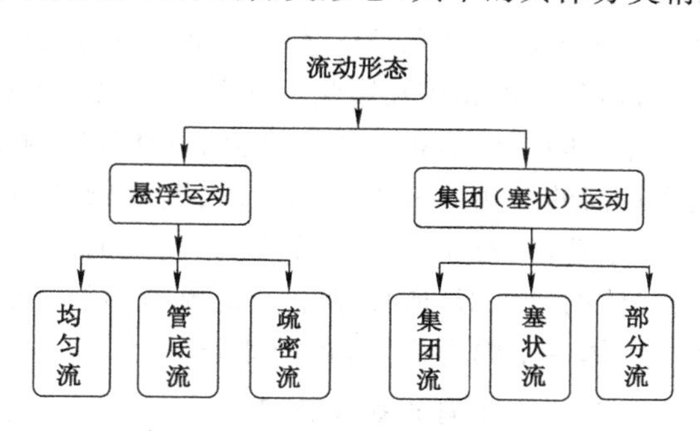

图 2.1　流动形态

一般情况下，当巷道内气体流速很大并且携带煤粉量又不多的时候，煤粉颗粒在巷道中基本是呈现均匀分布的状态，在气流的携带下以基本悬浮的状态向前运移，两相流的这种形态称为均匀流。

随着突出瓦斯气流运移速度的降低，气流中携带的粉煤量也会逐渐升高，这就会使得作用于每个颗粒上的气流曳力变弱，进而使得颗粒的前进速度降低，颗粒在重力作用下开始下沉，部分颗粒逐渐下沉到与巷道底板接触并相互作用，煤粉颗粒的分布进一步变稠密，在惯性作用下继续向前运移，两相流的这种形态称为管底流。

当井巷中的瓦斯气体速度进一步减慢时，部分煤粉就会慢慢在巷道底部层状沉积下来。与此同时，瓦斯以及携带的少量煤粉会在沉积的煤粉上部截面流过。在煤粉沉积层的上表面，部分煤粉颗粒会在气流作用下被带动继续向前运移。一段时间后又会沉降下来，这样两相流在巷道中会呈现时疏时密的运移现象，两相流的这种形态称为疏密流。

伴随着疏密流形态的继续发展，再加上巷道中煤粉颗粒间的碰撞频率持续升高，后面速度较快的煤粒追击碰撞前面速度相对慢的煤粒，在一次次的碰撞中二者的速度就会趋近。这样慢慢就会有颗粒集群现象产生。两相流的这种流动形态被称为集团流或者说是塞状流。集团流动的同时，内部颗粒也有相互作用，从而导致这种流动形态相比悬浮流动更加复杂。

实际中的颗粒与流体两相流动形态，最为常见的是以上几种流动形式的混合、交替出现。

2.1.3 突出煤粉瓦斯两相流之间的相互作用

当气固两相同时存在，并且固相不可以忽略的时候，那么既要考虑流体相对颗粒固体相的作用，也不可以忽略颗粒固体相对流体相的反作用力，即要考虑煤粉与瓦斯气体之间的相互作用和相互影响。尤其是在煤粉颗粒速度与瓦斯气体速度相差较大时，两相之间产生的相互作用将会更加明显：两相中速度相对较低的一相，将受到速度较高的一相的曳力作用；反之速度较高的一相，则会在速度较低的一相的阻力下运动，这对作用力是等大的、反向的。一般情况下，煤粉颗粒的速度要比瓦斯气体的速度低，所以基本上是煤粉颗粒受到瓦斯气体的曳力作用，同时它给瓦斯气体一个阻力作用，较少部分反之[47]。

2.1.3.1 颗粒固体相与流体相间的耦合作用

在研究两相流与单相流的流动特征的时候，它们之间有不同之处：在模拟单向流时，不需要考虑不同相之间存在的耦合作用；而在对两相流动进行模拟研究时，对于气固两相之间的耦合作用就不可以忽视。

当模拟介质只有一相物质或者是两相但是其中的固体相的量非常少可以忽略掉的时候或者只研究两相中的一相、不研究另一相的影响时，可以采用单向耦合，此时流体相的模拟可以直接适用 N-S 方程，不需要做出任何假设；但对于煤粉瓦斯突出，当突出的煤粉的体积分数比较大时，煤粉与瓦斯气流之间的相互作用就会非常明显，这种情况下就不可以忽略它们的耦合作用。这种考虑它们相互作用的耦合方式被称为双向耦合；另外，在此基础之上如果同时又考虑了颗粒与气流湍能之间的相互作用，那么这样的耦合方式被称为四向耦合[48-50]。

(1) 气固两相之间动量方程的耦合

当颗粒相的体积较大或者颗粒体积浓度较高时，颗粒固体相的存在必然会影响流体的速度以及压力等物理参数，这种影响是比较大的，不可以忽略不计，为了表达这种作用，需要在流体相的动量方程中加上以下式子：

$$F^{p} = -\frac{1}{V_{C}}\sum_{i=1}^{n} F_{i} \tag{2-7}$$

式中 V_C——划分的网格单元的体积数值；

F_i——流体作用在第 i 个颗粒上的作用力大小。

通过上式对所有颗粒的受力情况进行求和，得到的就是由于颗粒相的存在对流体相动量变化所产生的影响。

(2) 气固两相流之间湍能的耦合

对气固两相流进行数值仿真时，有一个一直以来比较热点的角度，就是气固两相流之间湍能的耦合研究。这种对两相之前湍能耦合的研究难度较大，比研究颗粒间的碰撞等更要烦琐。

气固两相流之间湍能的耦合研究，需要考虑颗粒相的存在对流体湍能的影响，同时还要考虑流体的存在对颗粒运动湍能的影响。国外学者 Gore 和 Crowe 在总结众多前人实验研究成果的基础上，对颗粒的尺寸与流体湍能之间的关系进行了研究，他们通过研究得到了一个无量纲临界尺度，具体如式(2-8)所示：

$$l=\frac{d_p}{l_e} \tag{2-8}$$

式中 d_p——固体颗粒的当量直径；

l_e——湍流涡的尺度。

当 $l\leqslant 0.1$ 时，煤粉颗粒的存在对瓦斯气流的湍流强度起到抑制作用；当 $l>0.1$ 时，煤粉颗粒相的存在对瓦斯流体湍能强度起到增强作用。至于对此结论的解释，Hetstroni 的解释是：颗粒相在运移过程中存在尾涡，而尾涡对流体湍流有增强的作用。对于颗粒相与湍流相互作用的关系，Elghobashi 有如下研究结论：

当煤粉颗粒固体相体积浓度 V 小于 10^{-6} 数量级时，颗粒对流体湍能的影响极其微弱。当 V 介于 10^{-6} 与 10^{-3} 之间时，颗粒固体相才对流体湍能产生力的作用。这个作用是增强湍能还是削弱湍能取决于颗粒相的弛豫时间 τ_e 和流体相湍流涡团的弛豫时间 τ_p 的大小：当 $\tau_p/\tau_e\geqslant 0.1$ 时，颗粒的存在对流体湍能是增强的作用；当 $\tau_p/\tau_e<0.1$ 时，颗粒的存在对流体湍能是削弱的作用。当颗粒固体相的体积浓度大于 10^{-3} 时，颗粒与颗粒之间的碰撞作用非常强烈，比两相流中的其他相互作用均明显，并且这种颗粒间的相互碰撞将决定流体的湍流作用，这时的流动状态被国外学者 Elghobashi 称为四向耦合。

(3) 固体相与气相湍流之间相互作用时间

当颗粒固体相与瓦斯气体相湍流相互作用时，颗粒固体相的各个运动方程的离散时间间隔 Δt 不可以随意赋值。这是因为颗粒相与湍流涡团的作用时间必须保证与涡团存在的时间相等，即它们相互作用的时间 $\Delta t=\min(\tau_e, t_t)$。满足这个条件就保证了颗粒在湍流涡团内部的运动。

2.2.3.2 气固两相耦合的处理方法

在采用 CFD-DEM 耦合的方法进行两相流数值模拟过程中，气相流场与颗粒固体相场的耦合方法主要有以下两种形式。

(1) 以双流体模型为基本的耦合方法

耦合模拟气固两相流的各种模型中，双流体模型的应用历史较其他模型更久远。它是在原有双流体模型的基础之上，将原来所用的气固相互作用项嵌入到 DEM 模型中，从而实现气固两相的相互作用。该气相运动方程中的动量交换源项可表示为：

$$S_{\mathrm{fp}}^{A}=\beta(u-v) \tag{2-9}$$

在数值模拟求解双流体模型的曳力方程时，S_{fp}^{A}使用的是在流场网格点上的数值，故计算 S_{fp}^{A}时，给参数 ε、u、v 进行赋值的时候，采用的实际上是某一局部区域内的均值。而计算颗粒相所受到的曳力时，是以每个颗粒的速度进行赋值的。

(2) 以颗粒曳力模型为基本的耦合方法

以颗粒曳力模型为基本的耦合方法，是从颗粒曳力的角度出发来解决问题的。它首先对网格内每个颗粒的曳力进行求解计算，然后在此基础上对网格内所有颗粒的曳力进行叠加求和，再由反作用原理求出曳力方程中的气固相互作用项 S_{fp}^{A}。运用这种方法可以看出，各网格上相间作用是按照牛顿第三运动定律来求解的。

对以上两种处理气固两相耦合模拟的方法进行对比可以发现：前者不适用牛顿第三运动定律；而后者以颗粒曳力模型为基础进行 CFD-DEM 耦合的方法则很好地运用了牛顿第三运动定律。从这个角度考虑，本书决定采用以颗粒曳力模型为基本的耦合方法对气固两相流耦合进行处理。

2.2 突出冲击波的形成与传播

2.2.1 煤与瓦斯突出动力过程分析

(1) 突出的启动

初始，煤体介质的地应力状态以及所含有的吸附态和游离态的瓦斯压力相对于外部环境处于平衡状态。一些地质构造附近的煤体在高地应力的作用下，可能由于地应力而发生破坏，煤体能集聚大量的弹性潜能，形成强度较低的煤体，使得抵抗剪切破坏的能力变弱。在外部采掘作用下，原有的应力平衡被破坏，工作面前方会出现各种应力的叠加，形成附加应力集中，煤体的应变能增大，煤体进一步发生破坏。随着煤体的破坏、表面积的增大、孔隙裂隙的生成与扩张，大量的吸附态瓦斯变成游离态瓦斯，瓦斯压力不断增加。另一方面，由于集中应力的出现，煤体介质的孔隙大幅度减小，煤体透气性降低，瓦斯压力梯度增加。从煤体的孔隙裂隙中解离出来的高压瓦斯积聚在破碎煤体的巷道中，作用于整个煤体表面上，加剧了煤岩体的不稳定性。煤岩体巷道掘进时，任何附加的应力增加和巷道的进一步推进等外部扰动载荷的出现都可能导致存贮能量的释放，从而达到突出的临界状态。一旦突出发生，工作面煤体或新暴露的煤壁就能在高压瓦斯膨胀的作用下向巷道空间喷出破坏的煤体与瓦斯气体。如当爆破作业时，突然爆破形成的新暴露煤壁降低了瓦斯、煤岩体运动的阻力，工作面煤体发生快速移动和瓦斯突然释放，引起应力状态和瓦斯压力梯度的突变，同时爆破造成的强烈振动也为高压瓦斯冲破保护煤壁提供了有利条件，这也解释了突出后发生煤与瓦斯大量喷出到巷道空间的大型突出事故。

(2) 突出动力过程的传播

突出区域煤体中高的瓦斯压力和区域集中应力共同作用导致从暴露的煤壁表面开始发生，然后不断向内部连续剥离破碎煤体。突出发生过程中，煤体被不断膨胀的高压瓦斯运走，发生破碎，大量的瓦斯发生解吸，从而形成瓦斯煤粉流。高压瓦斯流将煤粉运走的同时，使新暴露出的突出孔洞附近保持较高的应力梯度与瓦斯压力梯度，为突出过程中连续剥离煤体创造了必要条件。随着突出的不断进行，突出能量不断衰减，运移突出煤体的能力下降，突出孔洞发生堵塞，突出孔洞周围的瓦斯压力梯度骤减，地应力和膨胀的瓦斯不足以继续剥离与破碎煤体，形成了新的平衡状态，突出过程因此也就停止了下来。但是，突出孔洞周围的卸压区域和突出煤体依然会涌出大量瓦斯，而且这样的瓦斯涌出还会持续很长时间。从突出动力传播过程来看，突出是由许多基本突出组成的连续过程，也就是不断的剥离、破碎以及运移煤体，突出一旦发生，就会产生沿着巷道空间传播的冲击气流以及冲击波，其强度取决于突出强度和瞬时释放的高压瓦斯膨胀能。突出冲击气流及冲击波会沿着巷道空间传播，形成强烈的动力效应，对通风系统造成很大的破坏，使风流发生逆转。涌出的高浓度瓦斯会首先充满突出区域附近的巷道空间，并由于冲击气流的扰动作用，不断沿着巷道空间发生对流输送传播，分布于受冲击气流扰动的区域内。

突出瓦斯流与破碎的煤岩颗粒，速度极高，动能极大，从煤壁喷向巷道空间内，会形成很强的冲击气流，能产生较大的冲击效应。所形成的突出冲击波对井下作业人员造成伤害，也可能使风流发生逆转，破坏矿井的通风系统，并摧毁井下的设备设施。若瓦斯气流很强，逆流进入进风巷道，当遇到火源时，可能会发生瓦斯爆炸、火灾等灾害。

冲击波能对人体造成的伤害极大[51-52]。当空气冲击波波阵面上的压力为20～40 kPa 时，人会有头晕和头痛现象；当压力达到 40～100 kPa 时便会使人产生强烈的暗伤，损伤内部器官并可能致命。表 2.1 为人员受伤情况与冲击波超压的关系；表 2.2 为井下设施的破坏情况与冲击波超压的关系[53]。

表 2.1 人员伤害与冲击波超压的关系

峰值超压/atm①	受伤等级	受伤情况
0.2～0.3	轻微	轻微受伤
0.3～0.5	较严重	听觉器官受伤、骨折等
0.5～1.0	严重	内脏器官损伤，易引起死亡
>1.0	极为严重	内脏器官严重损伤，导致死亡

注：① 1 atm=1.01×10^5 Pa。

表 2.2 井下设备设施破坏程度与冲击波超压的关系

峰值超压/atm	结构类型	破坏特征
1.0～1.3	直径 0.14～0.16 m 木梁	弯曲破坏
1.4～2.1	厚 0.24～0.36 m 砖墙	严重破坏
1.4～3.5	风管	支撑折断、变形
3.4～4.2	电缆	折断
4.0～6.0	重 1 t 的绞车	移动、翻到、破坏
4.0～7.5	侧面朝爆源的车厢	车厢和厢架变形、脱轨
4.9～5.6	厚 0.24～0.37 m 混凝土墙	强烈变形、产生大裂隙、脱落
14.0～17.0	尾部朝爆源的车厢	车厢和厢架变形、脱轨
14.0～25.0	提升机械	翻倒、部分变形、零件破坏

除了突出冲击波能对井下设施及人员造成伤害之外，瓦斯气流也具有较强的破坏性。高浓度瓦斯首先充满突出区域附近的井巷空间，使井下人员发生窒息；其次，若风流发生逆转，瓦斯逆流进入进风巷道，遇到火源会发生瓦斯爆炸、火灾等次生灾害，使灾害的影响范围进一步扩大，造成一系列极其严重的后果，严重威胁人的生命健康以及财产的安全。

由于突出十分的复杂，突出机理没有科学准确的定义，影响因素也变化多样，所以，本节主要研究突出后，煤粉瓦斯两相流的作用以及煤粉颗粒对突出两相流的影响。本节根据突出的特征及影响因素，在简化突出模型的基础上，运用空气动力学、流体力学等理论，对突出冲击气流的特征以及传播衰减过程的影响因素进行定性的分析研究。

2.2.2 突出冲击波基本理论

生产过程中，巷道内的流体处于一种稳定流动的状态。突出发生后，大量的煤粉瓦斯混合流从工作面抛出，这种抛出的现象可以分为突出、压出和倾出等形式。由于巷道空间十分有限，该现象的发生，如同一个巨大活塞，以很高的速度冲击巷道大气，使得井下大气的压力、密度、温度等气流参数发生突变，紧靠突出口位置的空气首先受到压缩，形成压缩波，这种压缩波一层一层的传播给相邻的气体，从而使下一层气体的压力升高[54]。

冲击波就是气体受强烈压缩后产生的非线性传播波。被冲击波扰动过的气体，参数值都会发生突变。如图 2.2 所示，在一段等截面巷道内，冲击波 QQ′的前方为未受扰动的静止气体，设其压强、密度、温度参数分别为 p_1，ρ_1，T_1，在冲击波 QQ′后为受到强扰动的气体，其对应参数值突跃为 p_2，ρ_2，T_2。

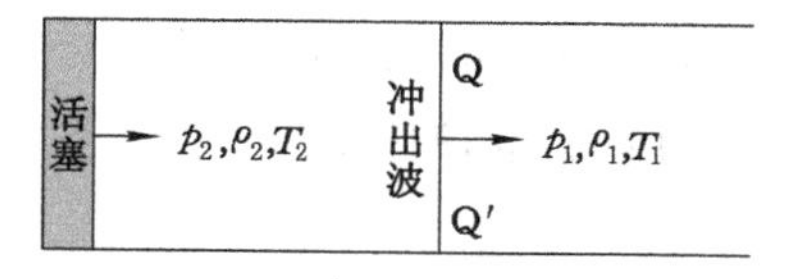

图 2.2　直巷道内冲击波示意图

其中，波阵面的传播速度可用式(2-10)表示

$$U=c_1\sqrt{1+\frac{k+1}{2k}\frac{p_b-p_m}{p_m}}=c_1\sqrt{1+\frac{k+1}{2k}\frac{\Delta p}{p_m}} \tag{2-10}$$

式中，p_m 为未受冲击波扰动的气体绝对压力；c_1 为未受扰动的空气中的声速；p_b 为波阵面上的绝对压力；k 为比热比；Δp 为波阵面上的超压。

研究显示，在矿井巷道中传播的冲击波，其波阵面上的压力值随传播距离的增加是逐渐衰减的，其衰减形式与负指数函数的趋势相吻合，即压力大时，衰减很快，压力小时，衰减则相对较慢。当波阵面超压最终降低到与为未扰动气体中的压力 p_m 相等时，冲击波最终会转化成声波。

不同强度的突出过程，煤粉瓦斯两相流的运动状态是不同的。在常规的口小腔大的孔洞中，煤粉瓦斯两相流的速度在孔洞口达到声速时的状态被称为临界状态。以临界状态为分界点，突出两相流的运动状态可分为两种情况(不考虑突出孔洞内部负压情况)：① 出口处流体静压 p_c 等于巷道气体静压 p_m，且流体速度小于等于声速 c_2(声速 c_2 指煤粉瓦斯两相流中的声速，其数值远小于气体中的声速 c_1)；② 出口处流体静压 p_c 大于巷道气体静压 p_m，且流体速度大于等于声速 c_2。此时，出口处流体处于未完全膨胀状态，该情况下煤粉瓦斯两相流在巷道空间会继续膨胀。

2.2.3 突出冲击气流初始能量分析

突出冲击气流初始能量受多种因素的影响。从能量的角度来分析，突出的能量主要由煤体弹性势能、煤层顶底板弹性势能以及煤体中的瓦斯膨胀能构成；

这些能量在突出过程中用于破坏煤体、搬运突出物以及产生突出冲击气流；由于煤体的弹性模量远比煤层顶底板岩石的弹性模量小，而弹性势能与弹性模量成反比，因此，与煤体弹性潜能相比，煤层顶底板弹性潜能要小很多，可以忽略不计；同时，忽略突出煤瓦斯流与巷道壁、支架等其他障碍物撞击产生的摩擦热、声响等能量损耗。突出的能量关系可表达为：

$$W_1+W_2=A_1+A_2 \tag{2-11}$$

式中 W_1——煤体弹性潜能，MJ/t；

W_2——瓦斯膨胀能，MJ/t；

A_1——煤体的破碎功、搬运功，MJ/t；

A_2——冲击气流的初始能量，MJ/t。

2.2.3.1 弹性势能

于不凡等认为[55]，受采掘作业影响，当采掘工作面煤体的应力状态发生较大变化时，煤体弹性潜能有可能瞬间释放，释放能量的大小与掘进面推进前方的应力状态有关。实际上，发生突出时，采掘工作面应力状态经历了两个过程：首先从原始应力状态转变到应力集中状态，其次从应力集中状态转变到极限平衡状态，且在从应力集中状态到极限平衡状态的过程中，在计算煤体弹性能时，应该以煤体的原始应力状态来估算。

俞启香[3]给出了煤体的弹性潜能的简单实用的计算方法。煤体受到上覆岩层及围岩的三向应力影响，煤的弹性潜能可表示为：

$$W_1=\frac{1}{2E}[\sigma_1^2+\sigma_2^2+\sigma_3^2-2\mu(\sigma_1\sigma_2+\sigma_2\sigma_3+\sigma_1\sigma_3)]/\rho \tag{2-12}$$

式中 $\sigma_1,\sigma_2,\sigma_3$——分别为三个方向的主应力，MPa；

E——煤体的弹性模量，MPa；

μ——煤体的泊松比；

ρ——煤体密度，t/m^3。

2.2.3.2 瓦斯膨胀能

由于应力集中等原因，煤层透气性系数降低，煤体内会存储较高的瓦斯膨胀能，瓦斯膨胀能在突出过程中起着三个方面的作用，分别是破碎煤体、搬运突出物、使突出不断向煤体深度扩展。突出瞬间由于瓦斯还处于煤体内，瓦斯膨胀所消耗的热能可以从煤体中得到补偿。因此，这个阶段的瓦斯膨胀可按等温过程考虑；当破碎的煤从煤体脱离后，瓦斯膨胀的过程首先属于多变过程，随着不断的膨胀做功，膨胀后期接近于绝热过程。由此可见，突出的全过程中，瓦斯膨胀做功是非常复杂的。

另外，参与膨胀做功的瓦斯既包括游离态瓦斯，也包括吸附态瓦斯。王凯、俞启香认为[56]近似等于煤体内游离态瓦斯含量，实际上，煤层内的吸附态瓦斯也参与了膨胀做功，因此，瓦斯膨胀能应该由游离态瓦斯膨胀能和吸附态瓦斯解吸产生的膨胀能共同构成，理由如下：① 瓦斯吸附属于典型的物理吸附，因此吸附、解吸过程是可逆的，煤层瓦斯压力一旦下降，吸附态瓦斯就会从煤体中瞬间解吸，转换成游离态瓦斯，由于持续时间较短，因此也具备了膨胀做功的条件；② 经统计分析，吸附态瓦斯一般能达到煤层瓦斯总含量的 80%～90%，而煤层中游离态瓦斯仅占瓦斯总含量的 10%～20%；③ 突出现场记录的资料也表明，实际突出产生的瓦斯涌出量远远大于煤层中游离的瓦斯含量。因此，瓦斯膨胀能可以表示为：

$$W_2 = W_{21} + W_{22} \tag{2-13}$$

式中 W_{21}——游离态瓦斯膨胀能，MJ/t；

W_{22}——吸附态瓦斯解吸产生的膨胀能，MJ/t。

（1）游离态瓦斯的膨胀能

瓦斯膨胀能是瓦斯在膨胀过程中所做的功，是具有过程的概念，且属于偏向于等温过程的多变过程。

$$W_{21} = \frac{p_0 V_{游}}{n-1}\left[\left(\frac{p_c}{p_0}\right)^{\frac{n-1}{n}} - 1\right] \tag{2-14}$$

式中 W_{21}——瓦斯膨胀能，MJ/t；

$V_{游}$——游离态瓦斯量，m^3/t；

n——过程指数，$n=1\sim1.31$；

p_0——巷道内原始大气压力，取 0.1 MPa；

p_c——煤层突出前瓦斯压力，MPa。

（2）吸附态瓦斯解吸产生的膨胀能

刘彦伟等[57]给出的吸附态瓦斯解吸产生的膨胀能计算公式如下：

$$W_{22} = \frac{RT_0\alpha}{22.4(n-1)}\left\{\left[\frac{n}{3n-2}\left(\frac{p_c}{p_0}\right)^{\frac{n-1}{n}} - 1\right]\sqrt{p_c} + \frac{2(n-1)}{3n-2}\sqrt{p_0}\right\} \tag{2-15}$$

式中 n——多变过程指数；

α——游离态瓦斯含量，m^3/t；

p_0——巷道内原始大气压力，MPa；

p_c——煤层突出前瓦斯压力，MPa；

T_0——巷道内原始环境温度，K。

煤体中瓦斯缓慢涌出不会对突出做功，只有当煤体遭到剧烈破碎时，煤体暴露表面剧增，煤体中的瓦斯才能快速解吸，瓦斯膨胀能才能瞬间释放，成为突出发生、发展的主要能量来源；由此可见，瓦斯膨胀能对突出做功的大小与煤体的破碎程度有关。另一方面，如果将煤破碎到一定程度，必将消耗一定的破碎功。在突出过程中，虽然煤体弹性能用于破碎煤体，很大一部分瓦斯膨胀能也消耗于煤的破碎，而破碎的煤反过来又促进了瓦斯膨胀能的快速释放，因此，突出过程在一定程度上可以称为瓦斯内能快速释放与煤破碎、抛出的过程。煤体弹性能的破坏是瓦斯膨胀能迅速释放对突出做功的前提和必要条件，煤体弹性能的释放决定着瓦斯膨胀能是否瞬间释放对突出做功；煤体中的瓦斯内能是突出的主要能量来源。

2.2.3.3 冲击气流的初始能量

根据上述分析，破碎的煤体从煤壁脱离后，瓦斯膨胀压缩巷道空气，产生冲击气流；瓦斯膨胀能有一部分用于破碎煤体、搬运突出物，只有一部分用于形成突出气流的初始能量；因此，突出冲击气流的初始能量可表示为：

$$W=\beta(W_1+W_2)G \tag{2-16}$$

式中 W——突出冲击气流的初始能量，MJ；

β——无量纲系数；

G——突出强度（突出能量），t。

国内外学者对系数 β 未进行深入研究，因此也无法给出准确的值；笔者认为系数 β 可以通过实验或数值计算得出。突出强度 G 目前主要通过对事故案例的统计方法得到。

2.2.3.4 突出强度

突出强度受地应力、开采深度、作业方式、巷道类型、地质构造、煤层厚度等众多因素影响[58]，很难对突出强度进行量化，为了较为准确地得出突出强度，可对已有的突出案例进行调研分析，本书选取焦作、安阳矿区为试点。

(1) 焦作矿区突出强度统计规律

焦作矿区二$_1$煤层是该矿区主要可采煤层，分布较为稳定，煤层厚度 0～20 m，平均煤厚 6 m 左右，为无烟煤，该区煤层具有突出危险。煤层瓦斯含量高[多数矿井可达 20～34 $m^3/(t\cdot r)$]、煤层瓦斯压力大（古汉山煤矿 13 采区煤层瓦斯压力实测值已达 2.42 MPa）。自 1956 年 6 月 24 日李封矿天官区发生第一次突出至今，焦作矿区已发生突出 320 余次，其中在石门揭煤作业时发生突出 7 次，回采工作面作业时发生突出 23 次，煤巷掘进作业时发生突出 290 余次。1975 年 8 月 4 日焦作矿区演马庄矿二水平运输大巷揭煤时发生特大型突出，突出煤量 1 500 t，瓦斯量 44 万 m^3。根据突出记录卡片以及本矿及相邻矿井的瓦斯地质资料，分析得出了焦作矿区突出强度统计规律如下：

① 突出地点的分布具有明显的不均衡性，矿区内发生突出的区域仅占井田采掘面积的 20%左右，且突出点在一些区域相对密集，呈带状展布。突出的发

生与地质构造的展布、煤体破坏程度和煤层瓦斯压力大小等因素关系密切。

② 该矿区各矿井始突地点瓦斯压力值大多为 0.6～0.7 MPa、瓦斯含量为 16～20 $m^3/(t \cdot r)$。据不完全统计，焦作矿区发生突出的最小煤层瓦斯压力为 0.61 MPa，瓦斯压力为 0.6～0.74 MPa，发生突出 79 次，占总突出次数的 48%，最大突出强度为 297 t，平均突出强度为 54 t，以小型突出为主；煤层瓦斯压力大于 0.74 MPa 的突出为 87 次，占 52%，最大突出强度为 1 500 t，平均突出强度为 145 t，多为中大型突出。

(2) 安阳龙山井田突出强度统计规律

龙山井田位于安阳矿区的南端，受燕山构造挤压剪切的影响，该井田东翼构造复杂，西翼构造简单，其中龙山煤矿位于龙山井田的东北部，为严重的突出矿井。

龙山井田开采的矿井包括龙山矿、南平小矿和安阳县三泉寺煤矿，该井田频繁发生突出事故，截至 2011 年底，井田范围内共发生了 209 起突出事故，其中龙山矿发生了 111 起突出事故，三泉寺矿发生了 94 起突出事故，南平小矿发生了 4 起突出事故。龙山矿平均突出煤量为 117 t，瓦斯量为 2.1 万 m^3，其中矿井的 13 采区、15 采区千米突出率分别为 11.8 次、3.6 次。13081 工作面于 1999 年 4 月 6 日在切眼掘进过程中发生一次特大型突出，突出瓦斯量 16.7 万 m^3，突出煤量 1 070 t。龙山井田突出特征及强度统计规律如下：

① 突出分区分带特征明显。由于受到地质构造的影响，井田范围内突出点呈不均匀分布，主要分布在某些地质构造区、断层带以及应力集中带附近，区域性、带状分布特征较为明显。局部地段突出时间间隔非常短，最短突出间隔为 2 天；突出事故频繁发生于断层附近掘进，或揭露断层，在该区域共发生突出 86 次，占突出总数的 77.5%。

② 煤巷掘进工作面发生突出最为频繁。通过统计龙山矿突出地点，绝大部分突出发生在切眼、煤巷上顺槽以及下顺槽掘进作业中，共发生 82 起突出事故，占突出事故总数的 73.9%；其中上山掘进为 19 次，占 17.1%；下山掘进为 7 次，占 6.3%；石门揭煤为 3 次，占 2.7%。

③ 突出形式以突出为主，倾出与压出为辅。对龙山矿发生的 111 起突出统计发现，典型突出事故为 100 起，占突出事故总数的 90.1%；压出为 3 次，占 2.7%，倾出为 8 次，占 7.2%。

④ 突出以中小型突出为主，大型突出较少。龙山矿共发生特大型突出 1 次，占 0.9%；大型突出 2 次，占 1.8%；次大型突出 31 次，占 27.9%；中型突出 28 次，占 25.2%；小型突出 49 次，占突出总数的 44.2%。

⑤ 埋深越深，突出强度越大。龙山煤矿始突深度为 130 m，在采深 200～300 m 的区域，共发生 19 起突出事故，平均突出强度为 90 t；在采深 300～400 m

的区域，共发生51起突出事故，平均突出强度为157 t；在采深100～200 m的区域，共发生41起突出事故，平均突出强度为66 t，突出次数高于比其埋深更大的区域，主要原因是未采取完善的防突措施。

（3）突出强度及其主控因素统计与分析

根据焦作、安阳、平顶山、北票、英岗岭、链邵、白沙等矿区近60个矿井的现场突出案例，统计分析了每次发生突出时的突出煤量与突出地点煤层埋深、地质构造、作业方式、煤层厚度、巷道类型、突出征兆等主要因素的关系。由于每次突出时煤层软分层厚度数据不全，另外突出征兆对突出的影响类型太多无法统一，故暂未考虑煤层软分层厚度和突出征兆两种因素。表2.3～表2.6分别为不同开采深度、巷道类型、作业方式、地质构造等条件下，各矿区的平均突出煤量。

表2.3　突出强度与开采深度统计

采深/m	突出强度/t									
	英岗岭	北票	白沙	鹤壁	涟邵	安阳	平顶山	焦作	资兴	丰城
＜100			53.44		13.00				27.50	
100～200	53.91	12.40	105.2		100.5	81.80		28.55	28.80	
200～300	97.11	20.00	148.9		131.7	51.46		108.9	20.56	
300～400	122.6	23.89	29.60	75.82	212.7	168.3	53.31	100.2		43.81
400～500	40.00	28.00		65.31	150.8		35.04			60.53
500～600	461.00	65.20			26.12		31.44			
600～700		60.45			56.57		20.71			
700～800		71.67					113.7			
800～900		63.24								
＞900		17.00								

表2.4　突出煤量与巷道类型统计表

巷道类型	突出强度/t									
	英岗岭	白沙	鹤壁	焦作	涟邵	丰城	平顶山	北票	资兴	安阳
平巷掘进	104.2	92.59	24.08	99.96	135.1	82.1	57.25	34.60	24.80	113.0
石门揭煤	425.0	459.4	77.00	93.00	377.0		53.00	138.0	98.0	
采煤面	68.51	65.23		59.94	41.80		26.23	60.10	25.28	
上山掘进	74.64	81.56	145.0	123.8	81.66	54.64	56.56	24.30	24.46	88.04
下山掘进	117.1	20.61		39.38	65.22	54.64	70.12	11.0		

表 2.5 突出煤量与作业方式统计表

作业方式	突出强度/t									
	英岗岭	平顶山	安阳	焦作	涟邵	白沙	丰城	北票	资兴	鹤壁
放炮	95.13	62.71	109.7	104.8	133.9	136.8	63.65	42.7	36.89	48.0
割煤		25.08		70.4						
打钻		9.88	44.0	11.81	643.4	50.84		19.6		
支护	30.0			199.0	47.18	23.42	25.0	29.0	25.5	
掘进机割煤		52.75								
挖柱窝	20.0	27.67	32.0	59.25	48.0	32.04			13.32	175.0
其他	350.0	102.5	226.6	6.0	139.4	158.1	144.0	52.3	23.3	68.22
手镐		20.0	32.0	11.12	64.46	32.18		22.0	28.12	65.0
风镐							54.50	21.7		
无作业		7.0	111.7		480.0	126.1		37.5		

表 2.6 突出煤量与地质构造统计表

地质构造	突出强度/t									
	英岗岭	白沙	焦作	安阳	平顶山	北票	涟邵	丰城	鹤壁	资兴
软分层变厚		76.5	276.5		112.8			320.0		
倾角变化	185.0		105.2	48.5	85.5	59.15	125.4			
褶皱	69.41	134.7	149.7	233.3	24.58	44.82	190.6	129.0	135.0	29.56
厚度变化	99.45	60.61	88.26		66.84	40.99	121.2	63.31		21.65
断层	129.7	72.13	63.48	101.1	63.82	32.8	147.4	54.43	60.95	29.76
火成岩侵入						29.23	143.0			22.0
无构造	67.61		39.0		17.64	61.19	150.6	31.0		25.0
其他	63.78		31.08	10.0		80.5	87.35	77.15	25.0	20.86

调查分析表明，在地质构造、开采深度、巷道类型和作业方式 4 种因素中，作业方式是突出的诱导因素；巷道类型对突出起着加速或抑制作用；地质构造是突出最容易发生的地带（有些开放性断层除外）；开采深度则代表了某区域地应力和瓦斯赋存状况。不同矿区受不同突出因素的影响，如对于北票、白沙井田，石门揭煤时具有最高的突出危险性；对于平顶山矿区，地质构造是诱导突出的主要因素；对于安阳、丰城矿区，放炮作业最容易诱发突出。根据理论分析，开采深度的增加以及地应力和瓦斯赋存量的增大，最终导致突出的发生；或者由于局部地

区存在较大的构造应力，构造应力突然释放也会导致突出的发生。

2.3 本章小结

（1）首先对影响突出煤粉瓦斯两相流动的相关参数进行了说明；在突出巷道中将煤粉的受力进行了分析，指出煤粉颗粒受到自身重力、流体曳力、压强梯度力、附加质量力以及升力等力的作用；总结了突出煤粉瓦斯两相流动过程中所形成的各类形态；最后对矿井发生瓦斯突出后煤粉瓦斯两相流动的相间耦合作用以及气固两相耦合的处理方法进行了分析，确定本书采用以颗粒曳力模型为基础的耦合方法对气固两相流的耦合进行处理。

（2）分析了煤与瓦斯突出的动力过程，并对突出冲击气流的初始能量进行了详尽分析（主要有弹性势能、瓦斯膨胀能、冲击气流的初始能量以及突出强度）；通过非定常理论分析，将突出冲击气流在巷道中的传播近似地看成一维可压缩非稳态运动，并建立非稳态运动微分方程组，推导出冲击波间断面前后气流参数关系，包括冲击波单相传播气流速度变化关系式和两相冲击波相交处气流速度变化关系式。根据冲击波间断面关系式结合动量方程，建立突出冲击波传播关系式，考虑到巷道阻力、巷道结构等参数对冲击动力传播的影响，通过总修正系数 δ 对冲击波传播关系式进行修正，由冲击波传播关系式可以定量分析突出冲击波在井巷中的传播特征。

3　基于 Fluent 软件的突出煤粉瓦斯两相流数值模拟

为了深入研究突出煤粉瓦斯两相流的形成与传播规律，本章通过理论分析、数值模拟、对比验证的手段，对突出煤粉瓦斯两相流的形成与传播特征进行了分析，模拟了不考虑煤粉颗粒作用的瓦斯气流在井巷周边巷道的传播。首先分析了突出两相流的几种状态，运用 Fluent 软件模拟了不同煤粉体积分数、不同瓦斯压力、不同巷道类型情况下，突出冲击气流的传播特征，对矿井安全生产具有重要意义。

3.1　突出煤粉瓦斯两相流数值模拟的模型及参数

本节分析了煤粉瓦斯两相流的研究方法，依据欧拉-欧拉法建立突出两相流的控制方程，详细对比并选择设定了相关计算模型、多相流模型、湍流模型，并根据模拟情况，确定了边界条件和初始条件。

3.1.1　突出煤粉瓦斯两相流研究方法

突出属于气固两相流，且是两相紊流，其内部流场是非常复杂和多变的。两相流与单相流的一个主要的区别在于气固两相之间存在一定的耦合作用[59]。两相流与单相流动相比较，具有以下不同的特点：

① 两相流有多种不同的流型；

② 两相界面有相间作用力；

③ 两相间有相对滑动-滑差；

④ 两相间有传热和传质。

虽然气固两相流动十分复杂，但目前气固两相流的研究方法已日趋成熟，并在很多领域得到很大程度的应用。

目前用于研究气固两相流的方法有欧拉-欧拉法和欧拉-拉格朗日法[60]。

(1) 欧拉-欧拉法

该方法是以空间点为对象，在欧拉坐标下求解连续相流体 N-S 方程，同时在欧拉坐标下求解颗粒相的守恒方程。其中，气相和固相都作为连续流体存在，而且相互贯穿。通过引入相体积率的概念来表示各相所占据的体积分数。一种相占据的体积是不能被其他相占据的，因此，各相的体积率之和为1。通过对各相守恒方程的计算，可以推导出对各相表达形式都相同的一组方程，再通过实验数据建立某些特定关系，使得上述方程组封闭。

(2) 欧拉-拉格朗日法

在此方法中，流体被视为连续相，煤粉颗粒可视为离散介质，其存在状态为一个个的颗粒，并以该颗粒为研究对象，先计算流场的连续变化，再结合流场变量求解单颗粒在连续流场中的受力状态及流动状态，从而达到追踪单颗粒轨迹的目的(求解颗粒轨道方程)。在此方法中，还可以计算由颗粒引起的热量、质量传递，相间的耦合以及耦合结果对离散相轨道、连续相流动的影响等。此方法的适用范围是颗粒相的体积分数要求小于10%～12%，但可以用于模拟离散相质量流率大于连续相的流动。

本书的模拟中，把煤粉颗粒看作是均匀分布在瓦斯流中的煤粉流体，即欧拉-欧拉描述中所说的，把颗粒当作与流体相似的连续介质的流体，从而在欧拉坐标下研究煤粉颗粒的运动特性。这样可以使煤粉有与瓦斯类似的力学特征，可以用流体理论进行分析。煤粉颗粒在巷道空间的占有率用体积分数表示，本书中煤粉的体积分数分别为0.05、0.1、0.2，两相体积分数之和为1。瓦斯和煤粉间的相互作用由上文中提到的曳力等作用相互耦合。

3.1.2 数值模拟的参数设置

3.1.2.1 计算模型的选择

对于计算模型，Fluent提供两种解：基于压力解；基于密度解(隐式与显式)。基于压力解的解法使用的是压力修正的算法，求解的控制方程组是以标量形式表示的，当求解不可压缩的流体流动时有更好的特性，但也可以求解可压缩流动；基于密度解的解法，求解的控制方程是以矢量形式表示的，目的是在求解可压缩的流体流动时，有更好的解，但目前还不太完善，有待改进。

基于压力解和基于密度解方法的区别在于，连续性方程、动量方程、能量方程以及组分方程的解的步骤不同，基于压力解是按顺序解，基于密度解是同时解。两种解法都是最后解附加的标量方程。隐式解法和显式解法的区别在于线化耦合方程的方式不同。

值得注意的是：流体体积模型、多项混合模型、欧拉混合模型只在分离式求解器中提供，在耦合式求解器中是没有的。此次模拟要选用混合模型进行模拟，只能够选择基于压力解算器。

3.1.2.2 多相流模型的选择

计算流体力学的快速发展，促进了多相流动的发展进程，也提高了多相问题的解决能力。目前,有两种计算方法处理多相流问题:欧拉-拉格朗日法和欧拉-欧拉法。欧拉-拉格朗日法即用于求解离散相,要求颗粒的体积分数尽可能地少于 10%;前面已经介绍了欧拉-欧拉法更适宜解此多相流问题,欧拉-欧拉多相流模型包括:流体体积(VOF)模型、混合模型以及欧拉模型。

1. 多相流模型的选择原则

① 对于体积率小于 10%的气泡、液滴和粒子负载流动,采用离散相模型。

② 对于离散相混合物或者单独的离散相体积率超出 10%的气泡、液滴和粒子负载流动,采用混合模型或者欧拉模型。

③ 对于活塞流,采用 VOF 模型。·

④ 对于分层或自由面流动,采用 VOF 模型。

⑤ 对于气动输运,如果是均匀流动,则采用混合模型;如果是粒子流,则采用欧拉模型。

⑥ 对于流化床,采用欧拉模型模拟粒子流。

⑦ 对于泥浆流和水力输运,采用混合模型或欧拉模型。

⑧ 对于沉降,采用欧拉模型。

2. 多相流模型的对比

(1) VOF 模型

VOF 模型对增加到模型里的每一附加相,就引进一个变量:即计算单元里相的容积比率。在每个控制容积内,所有相的体积分数之和为 1。所有变量及其属性的区域被各相共享并且代表了容积平均值,只要每一相的容积比率在每一位置是可知的。这样,在任何给定单元内的变量及其属性或者纯粹代表了一相,或者代表了相的混合,这取决于容积比率值。

下面是应用于 Fluent 中的 VOF 模型的一些限制:

① 必须使用基于压力求解器,VOF 模型不能用于基于密度求解器。

② 所有的控制容积必须充满单一流体相或者相的联合;VOF 模型不允许在那些空的区域中没有任何类型的流体存在。

③ 只有一相是可压缩的。

④ 气流的周期流动(不管是否设定了质量流率还是压降)不能应用于 VOF 模型。

⑤ 相间的混合和反应流不能应用 VOF 模型。

⑥ 大涡模拟紊流模型不能用于 VOF 模型。

⑦ 二阶隐式的时间步公式不能用于 VOF 模型。

⑧ VOF 模型不能用于无黏流。

(2) 混合模型

与 VOF 模型一样，混合模型使用单流体方法。它有两方面不同于 VOF 模型：

① 混合模型允许相之间互相贯穿。所以对一个控制容积的体积分数 α_p 和 α_q 可以是 0 和 1 之间的任意值，取决于相 p 和相 q 所占有的空间。

② 混合模型使用了滑流速度的概念，允许相以不同的速度运动。混合模型可求解混合相的连续性方程、混合的动量方程、混合的能量方程、第二相的体积分数方程、相对速度的代数表达(如果相以不同的速度运动)。

混合模型是一种简化的多相流模型，它用于模拟各相有不同速度的多相流。相之间的耦合应当是很强的。它也用于模拟有强烈耦合的各向同性多相流和各相以相同速度运动的多相流。

混合模型的局限性如下：

① 必须使用分离求解器，混合模型不适合于任何耦合求解器。

② 只有一相是可压缩的。

③ 气流的周期流动(不管是否设定了质量流率还是压降)不能应用于混合模型。

④ 当使用混合模型时，不能模拟组分混合和反应流。

⑤ 当使用混合模型时，不能模拟固化和热溶解。

⑥ 大涡紊流模型不能使用在混合模型中。

⑦ 二阶隐式时间步公式不能用于混合模型。

⑧ 混合模型不能用于无黏流。

(3) 欧拉模型

单相模型中，只求解一套动量和连续性的守恒方程，为了实现从单相模型到多相模型的改变，必须引入附加的守恒方程。在引入附加的守恒方程的过程中，必须修改原始的设置。这个修改涉及多相体积分数的引入和相之间动量交换的机理。

在 Fluent 中可以模拟多相分离流及相间的相互作用。相可以是液体、气体、固体或任意联合。欧拉处理用于每一相，相比之下，欧拉-拉格朗日处理用于离散相模型。

Fluent 解是基于以下的：

① 单一的压力是被各相共享的。

② 动量和连续性方程是对每一相求解。

③ 下面的参数对颗粒相是有效的：

a. 颗粒温度(固体波动的能量)是对每一固体相计算的。

b. 固体相的剪切和可视黏性是把分子运动论用于颗粒流而获得的。摩擦黏性也是有效的。

④ 几相间的曳力系数函数是有效的，它们适合于不同类型的多相流系。

⑤ 所有的紊流模型都是有效的，可以用于所有相或者混合相。

欧拉模型的局限性如下：

除了以下的限制外，在 Fluent 中所有其他可利用特性都可以在欧拉多相流模型中使用。

① 颗粒跟踪（使用拉格朗日分散相模型）仅与主相相互作用。

② 气流的周期流动不能应用于 VOF 模型。

③ 压缩流动是不允许的。

④ 无黏流是不允许的。

⑤ 二阶隐式时间步公式不能用于混合模型。

⑥ 不允许使用组分传输与反应。

⑦ 热传导不能使用。

⑧ 相间质量传输只能用在气穴、蒸发、凝结等现象。

根据以上分析，VOF 模型用于两相或多相间没有互相作用，所有的控制容积必须充满单一流体相或者相的联合，VOF 模型不允许在那些空的区域中没有任何类型的流体存在；混合模型是欧拉模型在几种情形下的很好替代模型，当存在大范围的颗粒相分布或者界面的规律未知时，混合模型和完善的多相流模型一样取得好的结果。而本次模拟中两相之间是相互耦合的，并且巷道空间在突出后并不一定有相的存在，所以不选择 VOF 模型，另外，煤粉颗粒相分布广泛，并且冲击波与空气界面未知，混合模型能得出更好的结果，所以，最终选择混合模型。

3.1.2.3 湍流模型的选择

Fluent 提供了以下湍流模型：(1) Spalart-Allmaras 模型；(2) k-ε 模型，又分为① 标准 k-ε 模型；② RNG k-ε 模型；③ 带旋流修正的 k-ε 模型。

(1) Spalart-Allmaras 模型

对于解决动力旋涡黏性，Spalart-Allmaras 模型是相对简单的方程。它包含了一组新的方程，在这些方程里不必要去计算与剪应力层厚度相关的长度尺度。

(2) 标准 k-ε 模型

最简单的完整湍流模型是两个方程的模型，要解两个变量，即速度和长度尺度。在 Fluent 中，标准 k-ε 模型适用范围广、经济、精度合理。它是半经验的公式。

标准 k-ε 模型的方程包括湍流动能方程 k 和扩散方程 ε，即

$$\frac{\partial(\rho k)}{\partial t}+\frac{\partial(\rho k\mu_i)}{\partial x_i}=\frac{\partial}{\partial x_j}\left[\left(\mu+\frac{\mu_t}{\sigma_k}\right)\frac{\partial k}{\partial x_j}\right]+G_k+G_b-\rho\varepsilon-Y_M+S_k \tag{3-1}$$

$$\frac{\partial}{\partial t}(\rho\varepsilon)+\frac{\partial(\rho\varepsilon\mu_i)}{\partial x_i}=\frac{\partial}{\partial x_j}\left[\left(\mu+\frac{\mu_t}{\partial x_j}\right)\frac{\partial\varepsilon}{\partial x_j}\right]+C_k\ \frac{\varepsilon}{k}(G_k+C_{3\varepsilon}G_b)-C_{2\varepsilon}\rho\ \frac{\varepsilon^2}{k}+S_\varepsilon \tag{3-2}$$

（3）RNG k-ε 模型

RNG k-ε 模型来源于严格的统计技术。它和标准 k-ε 模型很相似，但是有以下改进：

① RNG k-ε 模型在 ε 方程中加了一个条件，有效地改善了精度。

② 考虑到了湍流旋涡，提高了在这方面的精度。

③ RNG k-ε 模型为湍流 Prandtl 数提供了一个解析公式，而标准 k-ε 模型使用的是常数。

④ 标准 k-ε 模型是一种高雷诺数的模型，而 RNG k-ε 模型提供了一个考虑低雷诺数流动黏性的解析公式。

这些公式的效用依靠正确地对待近壁区域，这些特点使得 RNG k-ε 模型比标准 k-ε 模型在更广泛的流动中有更高的可信度和精度。

（4）带旋流修正的 k-ε 模型

带旋流修正的 k-ε 模型比起标准 k-ε 模型来有两个主要的不同点：

① 带旋流修正的 k-ε 模型为湍流黏性增加了一个公式。

② 为耗散率增加了新的传输方程，这个方程来源于一个考虑速度波动而完善的精确方程，意味着模型在雷诺压力条件下有数学约束来保证湍流的连续性。

带旋流修正的 k-ε 模型的直接好处是能更精确地预测平板和圆柱射流的发散比率，而且更适应于旋转流动、强逆压梯度的边界层流动、流动分离和二次流。带旋流修正的 k-ε 模型和 RNG k-ε 模型都显现出比标准 k-ε 模型在强流线弯曲、旋涡和旋转方面有更好的表现。由于带旋流修正的 k-ε 模型是新出现的模型，所以现在还没有确凿的证据表明它比 RNG k-ε 模型有更好的表现。但是最初的研究表明带旋流修正的 k-ε 模型比其余 k-ε 模型在流动分离和复杂二次流方面有很好的作用。

带旋流修正的 k-ε 模型的一个不足之处是：在主要计算旋转和静态流动区域时不能提供自然的湍流黏度。这是因为带旋流修正的 k-ε 模型在定义湍流黏度时考虑了平均旋度的影响。这种额外的旋转影响已经在单一旋转参考系中得到证实，而且表现要好于标准 k-ε 模型。由于这些修改，把它应用于多重参考系统中需要注意。

小于或等于 1％的湍流强度通常被认为低强度湍流，大于 10％被认为是高强度湍流。对于内部流动，入口的湍流强度完全依赖于上游流动的发展，如果上游流动没有完全发展或者没有被扰动，就可以使用低湍流强度。如果流动完全发展，湍流强度可能就达到了百分之几。

对于壁面限制的流动，入口流动包含了湍流边界层。选择湍流强度和长度尺度方法并使用边界层厚度 d 来计算湍流长度尺度 l，在湍流长度尺度流场中输入 $l=0.4\ d$ 这个值，则湍动能 k 和湍流强度 I 之间的关系为：

$$k=\frac{3}{2}(\mu_{\mathrm{avg}}I)^2 \tag{3-3}$$

式中，u_{avg} 为平均流动速度，除了为 k 和 ε 指定具体的值之外，无论是使用湍流强度还是水力学直径，强度和长度尺度或者强度黏性比方法，都要使用上述公式。

根据以上分析以及实际模拟中的反应。标准 k-ε 模型和带旋流修正的 k-ε 模型都能够满足本书模拟的需求，标准 k-ε 模型是一种高雷诺数的模型，但是由于带旋流修正的 k-ε 模型在主要计算旋转和静态流动区域时，存在一定缺陷，所以选择适用性更普遍的标准 k-ε 模型，各参数为默认值。

3.1.2.4 边界条件的选择

压力出口边界条件需要输入：

① 出口处的静压；

② 出口处的回流条件(如果产生回流的话)；

③ 出口处总的温度，用于能量方程的求解；

④ 出口的湍流参数，用于求解湍流方程；

⑤ 组分的质量百分数(如果有多组分需要计算的话)；

⑥ 第二相的体积百分数(当计算两相或多相流时)。

在本次模拟的算例中，流动方向垂直于边界且不产生回流。

本书模拟的模型中，入口处为突出腔体，设置为一个流动区域，不设置入口边界条件；出口处设置为压力出口，静压设为一个大气压，相对操作压力为 0 MPa，温度为空气温度 300 K，煤与瓦斯两相流体均从出口流出，出口处冲击气流的压力及其他参数从内部流场推导出，不产生回流，回流质量分数及第二相的回流体积分数均为 0，湍流条件选用湍流强度和水力半径，分别为 5%和 0.2 m。

3.1.2.5 初始条件的选择

本书中的模拟全部是基于瓦斯压力解的计算模拟，初始条件采用 patch 补充定义初始条件的方法，定义各个模型的初始条件，如图 3.1 所示。

根据前面的假设，假设突出区域为一个瓦斯煤粉混合好的、压力很高的区域，把瓦斯煤粉混合流的这种高压力作为突出的动力源，也是突出冲击气流形成

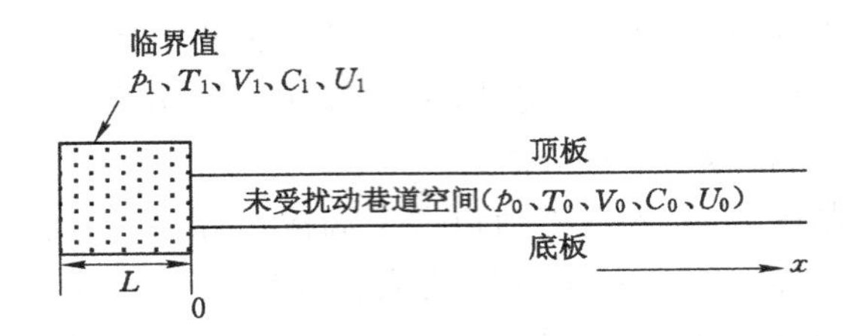

图 3.1 模型的初始条件

的主要因素。当突出处于临界状态时，突出区域内的高压瓦斯粉煤流，基本是静止的状态，其初始的速度近似看作零，要研究煤粉的多少对突出的影响，可以假设煤粉体积分数分别为 0.05、0.1、0.2，瓦斯气体的温度假定为 300 K。所以，突出临界状态时，突出腔体气流的初始条件为：

$$p=p_1;\ U_1=0\ \text{m/s};\ T_1=300\ \text{K};(-L<x<0)$$

$$C_1=95\%,V_1=5\%\ (C_1=90\%,V_1=10\%;C_1=80\%,V_1=20\%)$$

巷道内空气的压力为大气压力 p_0，巷道内的风速相对于突出的速度微乎其微，可认为巷道内的风速为 0。井下正常生产时，巷道风流中的瓦斯浓度和煤粉浓度都很低，不会超限，一般情况下，浓度不会超过 1%，不会对模拟产生影响。所以，模拟时，假设巷道内的瓦斯和煤粉的体积分数均为 0。同样，假设巷道内空气为正常的空气，其温度为 300 K。根据上面的分析，突出临界状态时巷道内的初始状态的条件为：

$$p_2=p_0;U_2=0\ \text{m/s};T_2=300\ \text{K};C=0,V=0(0<x)$$

3.2 突出煤粉瓦斯两相流数值模拟

由于突出煤粉瓦斯两相流的传播特征受到突出煤层瓦斯压力及煤粉体积分数的影响，利用数值计算模拟软件对不同瓦斯压力、不同巷道类型、不同煤粉体积分数作用下突出煤粉瓦斯两相流的传播特征进行研究。

3.2.1 突出煤粉瓦斯两相流在直巷道中的传播特性

3.2.1.1 几何模型的建立

突出直巷道的几何模型示意图如图 3.2 所示。突出腔体长 0.5 m、高 0.3 m，巷道长为 20 m，巷道高度 0.2 m。分别在距离突出口 5.6 m(断面 AB)、13.7 m(断面 CD)、17.2 m(断面 EF)处设立三个监测面，以监测该处冲击气流的压力、瓦斯质量分数、瓦斯及煤粉运移速度等参数。此模型煤层瓦斯压力分别为 $p_1=$

1 MPa、0.75 MPa，巷道空气相对压力为 $p_0=0$ MPa；模拟煤粉体积分数分别为 5%、10%、20%。

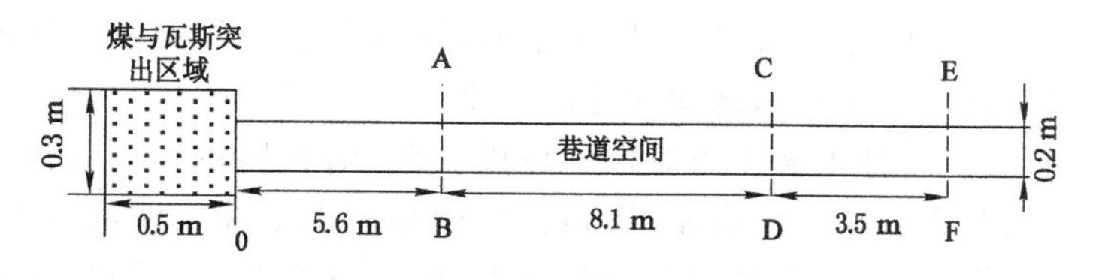

图 3.2　突出直巷道的几何模型

3.2.1.2　数值模拟的结果

图 3.3 为煤层瓦斯压力为 1 MPa、煤粉体积分数为 5%、10%、20%时，不同时刻的冲击气流模拟结果。

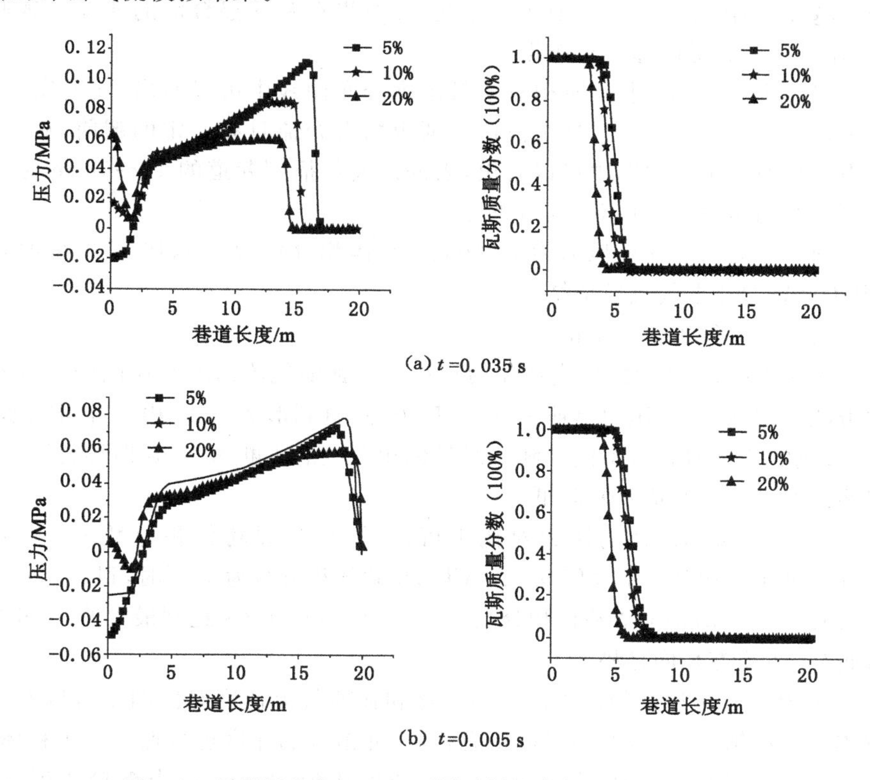

图 3.3　瓦斯压力为 1 MPa 不同时刻的冲击气流模拟结果

由图 3.3 得出如下结论：

① 不同条件下的突出使得突出区域的高压瓦斯粉煤流形成了各物理参数

突变的冲击气流。突出发生瞬间，由于突出区域含有煤粉颗粒，阻滞了冲击气流的快速涌出，冲击气流处于未完全膨胀状态，孔口出现负压扰动；之后高压煤粉瓦斯混合气流迅速膨胀，冲击气流压力上升，压缩巷道空气形成空气冲击波；冲击波波阵面后面区域是高速运动的瓦斯气流。

② 从图 3.3(a)冲击波压力对比中可以看出，随着煤粉体积分数的增加，冲击气流的未完全膨胀状态越明显，煤粉瓦斯两相流引起冲击波的压力降低。在 0.035 s 时刻，当煤粉体积分数为 5%时，冲击波波阵面的压力下降为 0.11 MPa；当煤粉体积分数为 10%时，冲击波波阵面的压力下降为 0.083 MPa；当煤粉体积分数为 20%时，冲击波波阵面的压力下降为 0.056 MPa。在 0.05 s 时刻，也具有相同的趋势。

③ 从图 3.3 冲击波压力对比和瓦斯质量分数的对比中可以看出，煤粉体积分数越高，突出冲击波的峰值压力越低，导致煤粉瓦斯混合流的速度也越低，因此，瓦斯充满巷道的速度也越慢。

④ 从图 3.3(b)中瓦斯相对质量浓度分布曲线中可以看出，瓦斯发生对流输运，驱替巷道内的空气，冲击波比瓦斯煤粉混合流具有一定的超前，从冲击波压力和瓦斯质量分数图中可以看出，当冲击波传播到巷道的 15～18 m 时，煤粉瓦斯流刚到达离突出口 5～8 m 的距离。

图 3.4 为煤层瓦斯压力为 1 MPa、煤粉体积分数为 5%、10%、20%时，截面 AB、CD 处的冲击气流模拟结果。

由图 3.4 得出如下结论：

① 从图 3.4 截面的冲击波压力对比图和瓦斯气流速度对比图中可以看出，冲击波到达截面时，压力迅速上升，之后下降，直到形成负压，由于冲击波速度不同，形成的负压值有所不同。随着煤粉体积分数的不断增加，瓦斯煤粉混合流引起冲击波的压力峰值不断降低。

② 从截面 AB 处的压力对比中可以看出，当煤粉体积分数为 5%时，在 0.01 s，冲击波达到了最大值 0.122 MPa；煤粉体积分数为 10%时，到 0.011 s 达到最大值 0.088 MPa；而煤粉体积分数为 20%时，到 0.013 s 达到最大值 0.06 MPa；截面 CD 处也有相同趋势。

③ 从截面 CD 处的冲击波压力对比和瓦斯气流速度对比图中可以看出，煤粉体积分数越高，冲击波的峰值压力越小，冲击波的速度也越低。当煤粉体积分数为 5%时，峰值压力达到 0.115 MPa，速度达到 180 m/s；当煤粉体积分数为 10%时，峰值压力达到 0.085 MPa，瓦斯气流速度降为 150 m/s，并且峰值压力比煤粉体积分数为 5%时有明显的滞后现象；当煤粉体积分数为 20%时，现象相同。

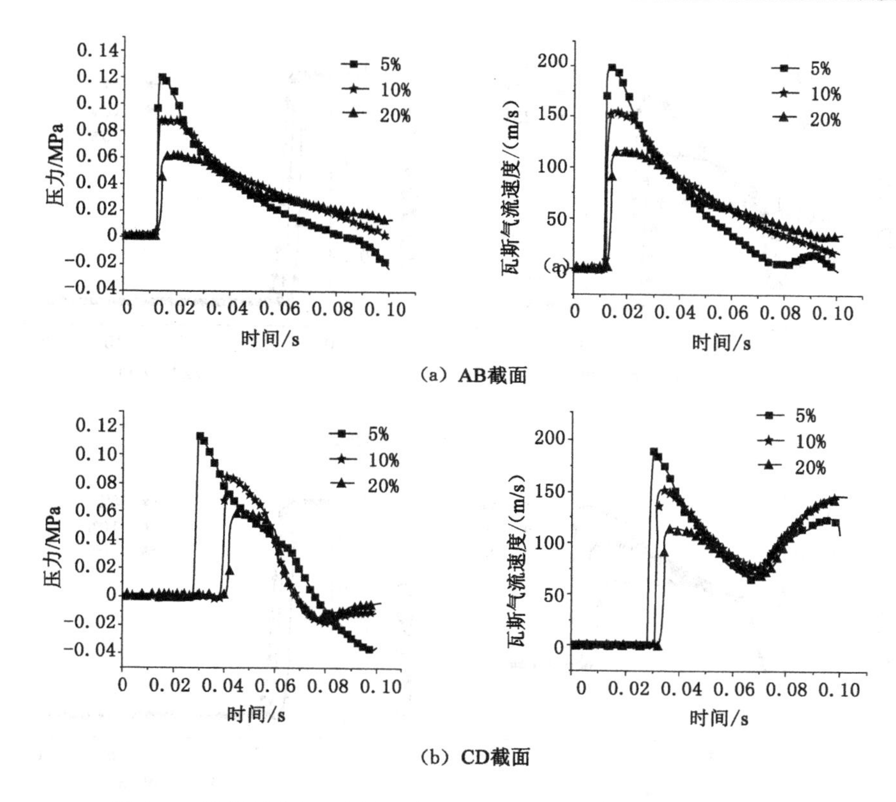

图 3.4 瓦斯压力为 1 MPa,截面 AB、CD 处的冲击气流模拟结果

④ 从图 3.4 中可以看出,冲击波传播过后,会产生负压区,导致巷道内的空气形成负压,后面正压的冲击气流会使得瓦斯气流的速度降低后再次升高。越远离突出区域,形成的负压值越大,引起的速度变动也越大。

图 3.5 为煤层瓦斯压力为 0.75 MPa、煤粉体积分数为 5%、10%、20%时,不同时刻冲击气流模拟结果。

由图 3.5 得出如下结论:

① 从图 3.5 的冲击波压力曲线图中可以看出,冲击气流从突出区域内突出时为未完全膨胀状态,孔口处形成负压扰动。之后冲击气流完全膨胀,压缩空气形成冲击波,冲击气流迅速向巷道移动,导致冲击波压力升高,并在冲击波的最前端,压力达到最大值。

② 从图 3.5(a)中可知,在 0.025 s 时,当煤粉体积分数由 5%增加到 20%时,冲击波峰值压力从 0.75 MPa 分别衰减至 0.09 MPa、0.065 MPa、0.045 MPa。

③ 从图 3.5(c)中可知,在 0.05 s 时,煤粉体积分数由 5%增加到 20%的过

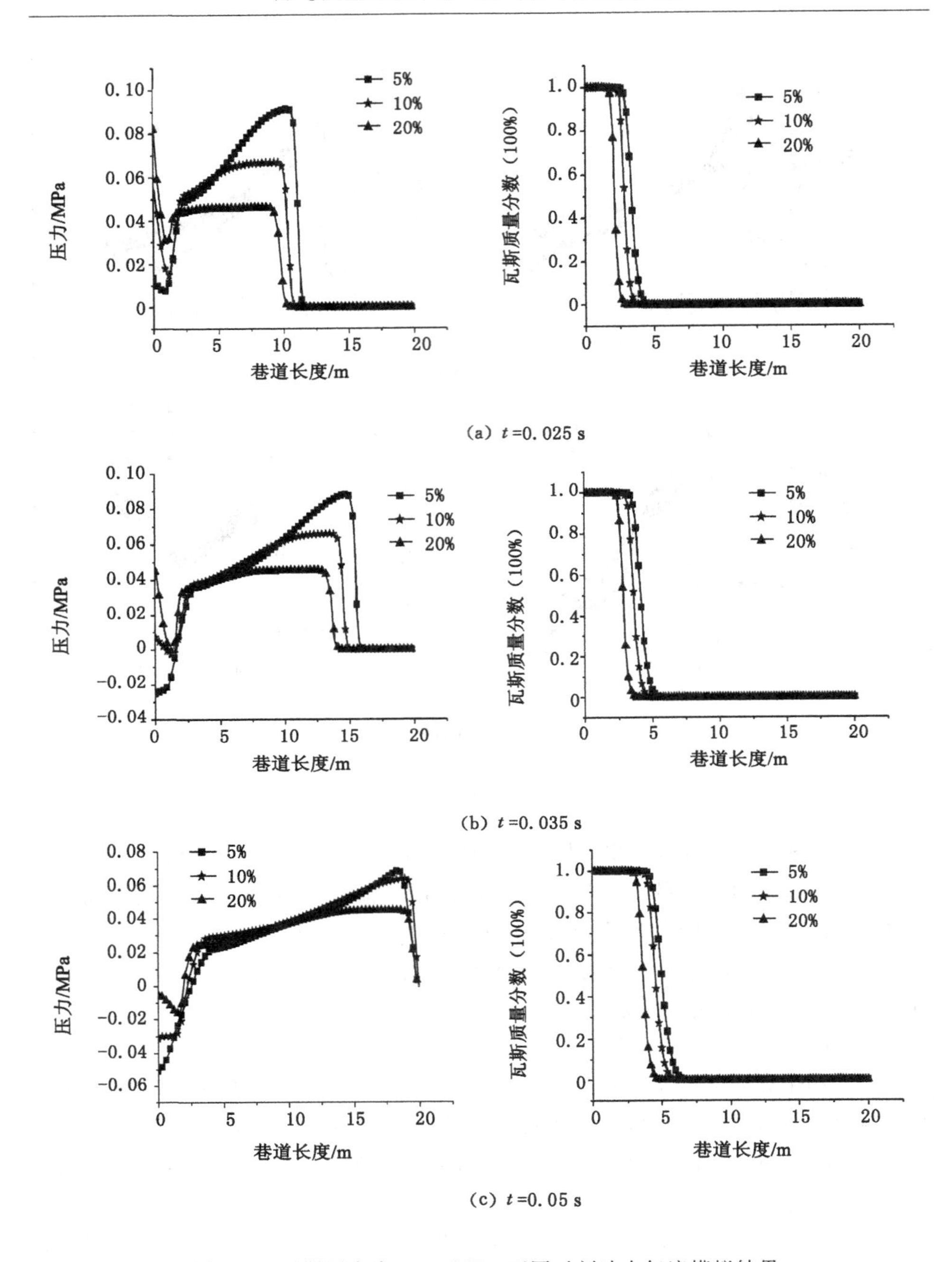

(a) t=0.025 s

(b) t=0.035 s

(c) t=0.05 s

图 3.5　瓦斯压力为 0.75 MPa,不同时刻冲击气流模拟结果

程中,冲击波的压力峰值并没有明显的改变,这是因为煤粉体积分数越大,煤粉颗粒解析的瓦斯气体越多,解析的瓦斯参与到冲击波的形成中,滞缓了冲击波的衰减。

④ 从图3.5的瓦斯质量分数曲线图中可以看出,在0.035 s之前,巷道内的瓦斯气流有明显的变化,到0.05 s时,由于突出区域的面积有限,瓦斯含量有限,瓦斯充满巷道的速度较慢,并且,煤粉的含量越少,瓦斯运移得越快,煤粉体积分数为5%时,瓦斯运移比煤粉体积分数为10%、20%的情况超前。

图3.6为煤层瓦斯压力为0.75 MPa时,不同煤粉体积分数在截面AB、CD处的冲击气流模拟结果。

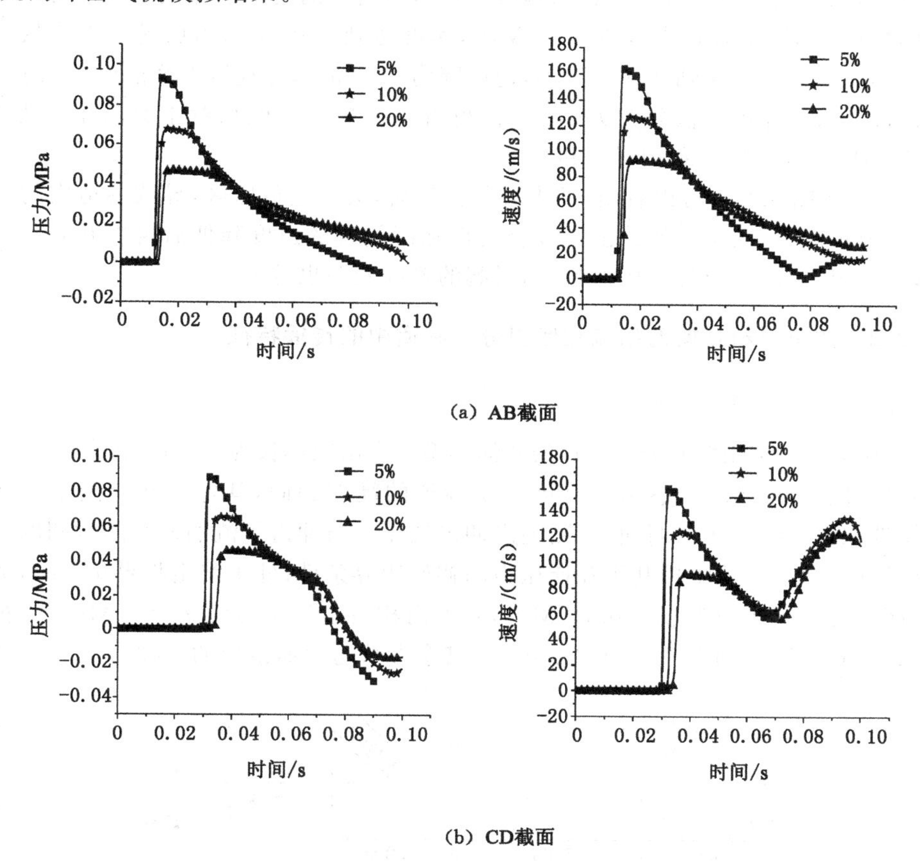

图3.6 瓦斯压力为0.75 MPa时,AB、CD截面处的冲击气流模拟结果

由图3.6得出如下结论:

① 从图3.6截面的冲击波压力对比图和瓦斯气流速度对比图中可以看

出，冲击波在到达截面时，迅速增大到最大值，然后缓慢降低，最后形成负压，且随着煤粉体积分数的不断增加，瓦斯煤粉混合流引起冲击波的压力峰值不断降低。

② 从截面AB处的压力对比图中可以看出，0.01 s煤粉为5%时，冲击波压力达到了最大值0.094 MPa；煤粉为10%时，到0.011 s冲击波压力达到0.067 MPa；而煤粉为20%时，到0.013 s冲击波压力达到0.0456 MPa；截面CD处也有相同的趋势。

③ 从截面CD处的冲击波压力对比图和瓦斯气流速度对比图中可以看出，煤粉体积分数越高，冲击波的压力峰值越小，冲击波的速度也越低。当煤粉体积分数为5%时，压力峰值达到0.09 MPa，速度达到160 m/s；当煤粉体积分数为10%时，压力峰值达到0.065 MPa，速度降为125 m/s，并且压力峰值比5%时有滞后现象；当煤粉体积分数为20%时，也有这种现象。但相对于突出压力为1 MPa时，这种滞后现象相对缓和。

④ 从图3.6中可以看出，冲击波传播过后，会产生负压区，导致巷道内的空气形成负压，后面正压的冲击气流会使得瓦斯气流的速度降低后再次升高。越远离突出区域，形成的负压值越大，引起的速度变动也越大。

3.2.2 突出煤粉瓦斯两相流在倾斜分叉巷道中的传播特征

3.2.2.1 几何模型建立

图3.7为突出倾斜分叉巷道的几何模型。突出腔体长为0.5 m，高为0.3 m，巷道高度为0.2 m，主巷道的高度与支巷道的高度相同，其他尺寸如图3.7所示，选取AB断面、CD断面，监测突出冲击波压力与冲击气流的速度随时间的变化过程。数值计算采用基于瓦斯压力的初始边界条件；处于突出临界状态时，突出区域的瓦斯压力为$p_1=0.75$ MPa，巷道内相对空气压力为$p_0=0$ MPa；模拟煤粉体积分数分别为5%、10%、20%。其余参数与前面给出的一样。

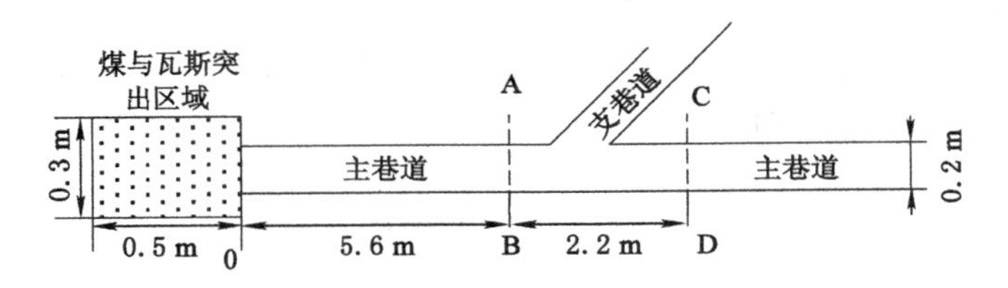

图3.7 突出倾斜分叉巷道的几何模型

3.2.2.2 数值模拟的结果

图3.8为倾斜分叉巷道煤层瓦斯压力为 $p_1=0.75$ MPa时，冲击气流在 $t=0.01$ s、$t=0.014$ s、$t=0.02$ s、$t=0.08$ s时刻，煤粉体积分数分别为5%、10%、20%时的冲击波压力云图、瓦斯气流速度云图和瓦斯相对质量分数云图。

3.2.2.3 数值模拟结果分析

① 从图3.8(a)～(c)中可以看出，突出区域内还未完全泄压，处于未完全膨胀状态，并且煤粉体积分数越高，压力泄出得越慢，这是由于固体颗粒吸收了大量的能量，阻滞了冲击气流的传播，因此导致突出巷道内的冲击气流在压力和速度上有一定的差别，当煤粉体积分数为5%时，冲击波的压力峰值达到0.12 MPa，瓦斯气流的速度达到200 m/s左右；当煤粉体积分数为10%时，冲击波压力峰值降到0.1 MPa，瓦斯气流的最大速度降到160 m/s；当煤粉体积分数为20%时，冲击波压力峰值降到0.085 MPa，瓦斯气流的最大速度降到150 m/s；冲击气流的速度也直接影响到瓦斯在巷道中的对流扩散速度。

② 从图3.8(d)～(f)中可以看出，冲击气流已经达到巷道分叉口，体积分数为5%的冲击气流到达巷道分叉口后，与巷道壁面发生弹性碰撞，从而产生了分流，速度的方向发生了变化，出现了斜方向的冲击波，并且突出区域内的压力已基本卸完，在巷道分叉口前出现冲击波压力峰值，而体积分数为10%和20%的冲击气流的突出区域还在卸压，冲击波刚到达巷道分叉口；和 $t=0.01$ s时刻对比，冲击波的峰值压力和速度略有下降，但下降幅度不大。

③ 从图3.8(g)～(i)中可以看出，随着冲击气流的不断传播，在 $t=0.014$ s到 $t=0.02$ s时刻，冲击气流已分别在主巷道和支巷道内传播，由于巷道分叉口的影响，冲击气流与壁面发生碰撞反射，形成压力重叠增大区域，在三种不同的煤粉体积分数的情况下，这种现象都比较明显，冲击波峰值压力较0.014 s时有所下降，但是瓦斯气流的速度在巷道分叉口由于壁面碰撞反射，有增高的趋势，分别达到了220 m/s、190 m/s、170 m/s。

④ 从 $t=0.08$ s时刻的瓦斯质量分数云图中可以看出，由于冲击气流的推动作用，大部分瓦斯气流涌入主巷道中，只有小部分的瓦斯进入了支巷道。

⑤ 上述分析结果表明，无论煤粉的体积分数为多少，主巷道中的冲击气流强度要大于支巷道中的冲击气流强度，但相差幅度不是很大。可以得出结论：冲击气流通过倾角分叉口后发生分流，其强度会发生衰减，较大部分冲击气流涌入主巷道中。

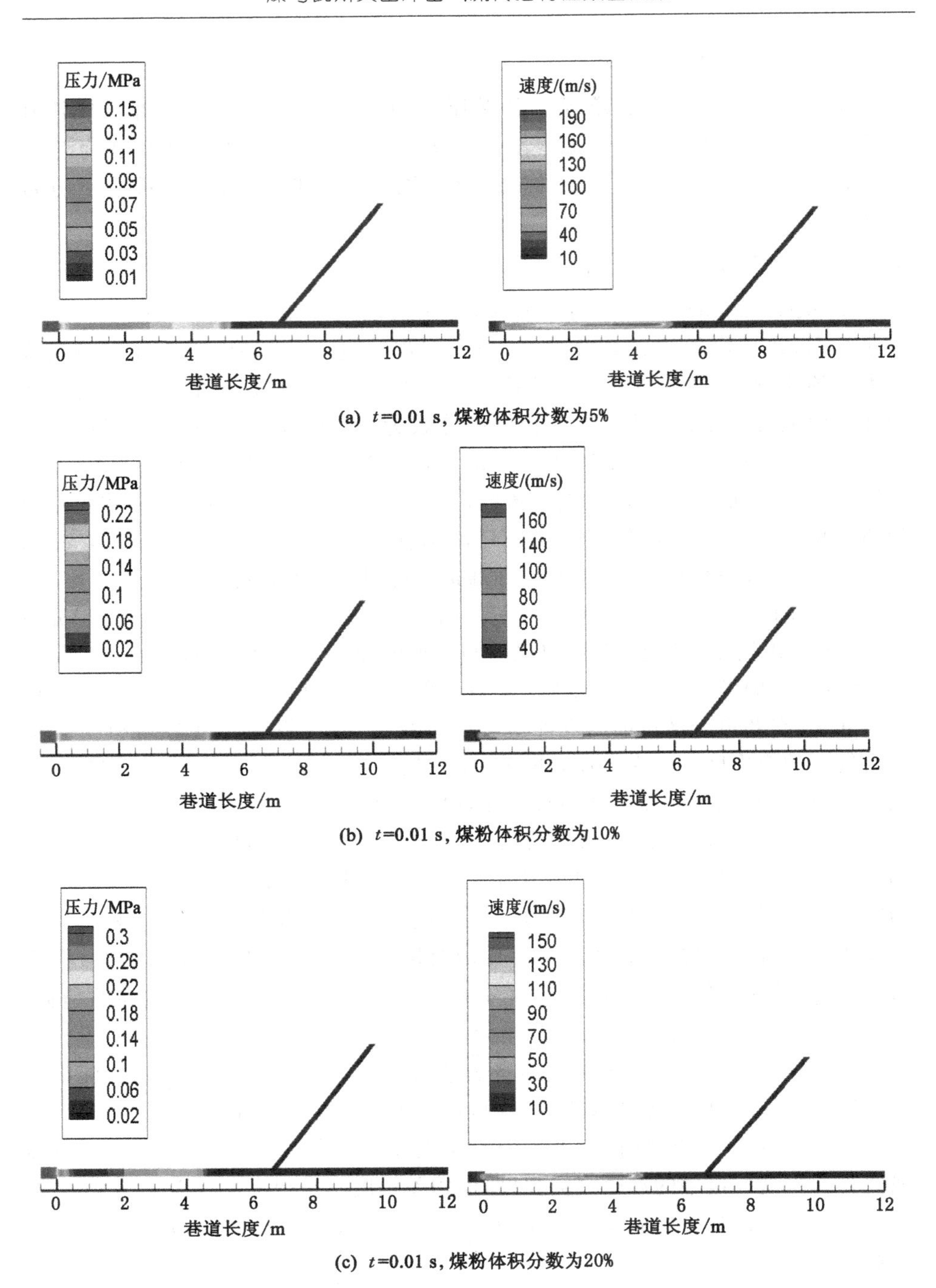

图 3.8　不同时刻,倾斜分叉巷道冲击气流模拟结果

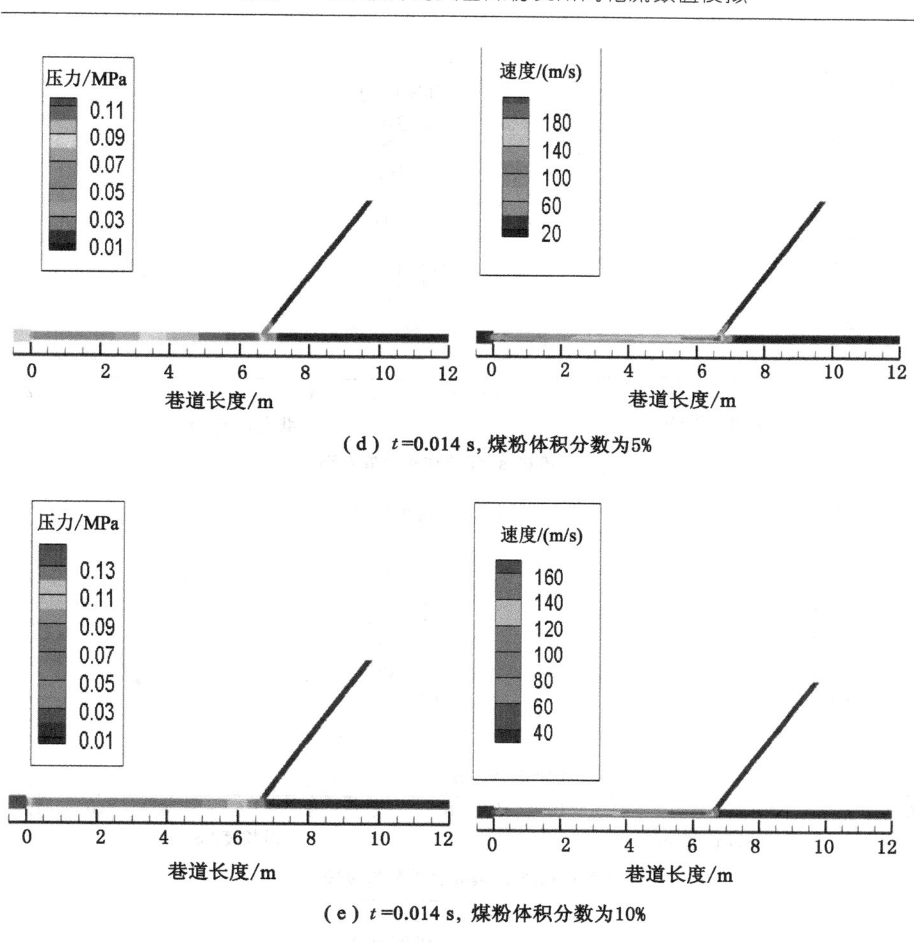

(d) t=0.014 s，煤粉体积分数为5%

(e) t=0.014 s，煤粉体积分数为10%

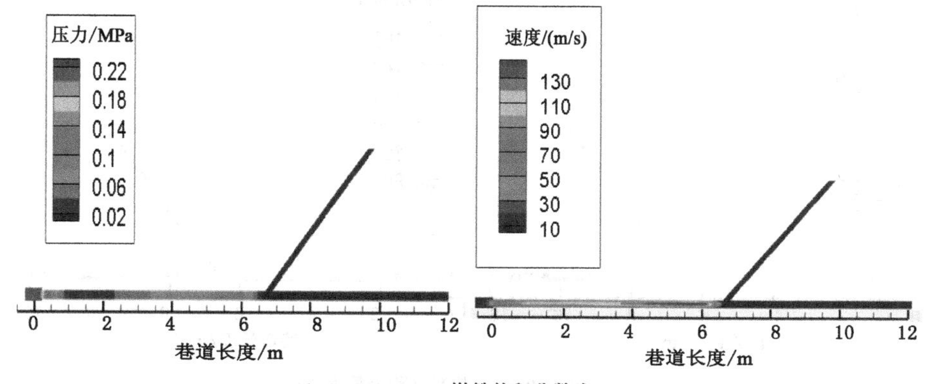

(f) t=0.014 s，煤粉体积分数为20%

图 3.8(续)

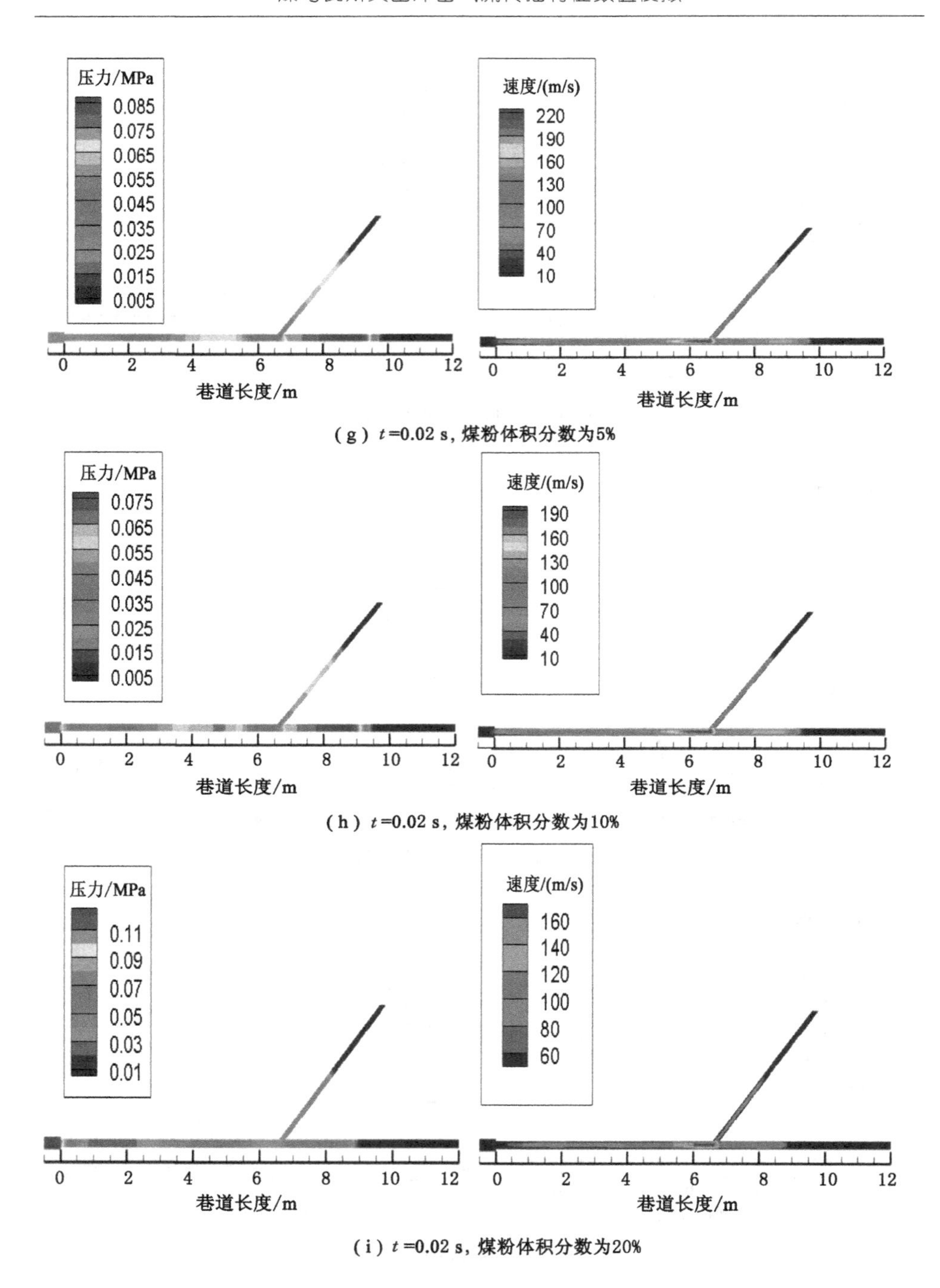

压力/MPa
0.085
0.075
0.065
0.055
0.045
0.035
0.025
0.015
0.005
速度/(m/s)
220
190
160
130
100
70
40
10
巷道长度/m
(g) t=0.02 s，煤粉体积分数为5%
压力/MPa
0.075
0.065
0.055
0.045
0.035
0.025
0.015
0.005
速度/(m/s)
190
160
130
100
70
40
10
巷道长度/m
(h) t=0.02 s，煤粉体积分数为10%
压力/MPa
0.11
0.09
0.07
0.05
0.03
0.01
速度/(m/s)
160
140
120
100
80
60
巷道长度/m
(i) t=0.02 s，煤粉体积分数为20%

图 3.8(续)

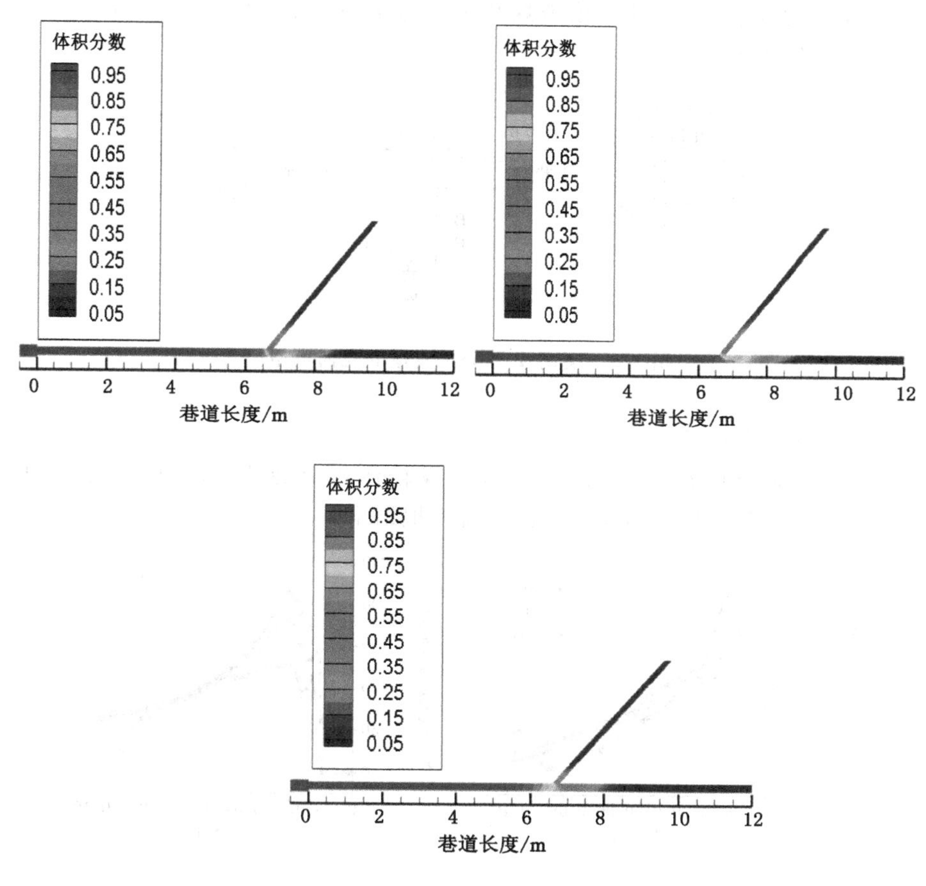

(j) t=0.08 s，煤粉体积分数为5%、10%、20%

图 3.8(续)

3.2.3 突出煤粉瓦斯两相流在 T 形分叉巷道中的传播特性

3.2.3.1 几何模型建立

图 3.9 为突出 T 形分叉巷道的几何模型。突出腔体长为 0.5 m、高为 0.3 m，巷道高度为 0.2 m，主巷道的高度与支巷道的高度相同，其他尺寸如图 3.9 所示。选取 AB 监测面、CD 监测面、EF 监测面，监测突出冲击波压力、冲击气流速度、瓦斯质量分数等随时间的变化过程，以分析冲击气流通过分叉巷道前后的衰减程度以及煤粉体积分数对衰减的影响。数值计算采用基于瓦斯压力的初始边界条件；处于突出临界状态时，突出区域的瓦斯压力分别为 p_1 = 1 MPa，巷道内

相对空气压力为 $p_0=0$ MPa;模拟煤粉体积分数分别为 5%、10%、20%。其余参数与前面给出的一样。

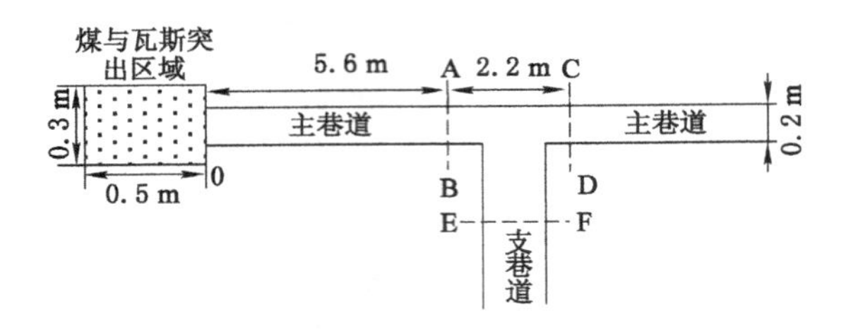

图 3.9　突出 T 形分叉巷道的几何模型

3.2.3.2　数值模拟的结果

图 3.10 为煤层瓦斯压力为 1 MPa,煤粉体积分数为 5%、10%、20%时,T 形巷道 AB、CD、EF 监测面处冲击气流模拟结果。

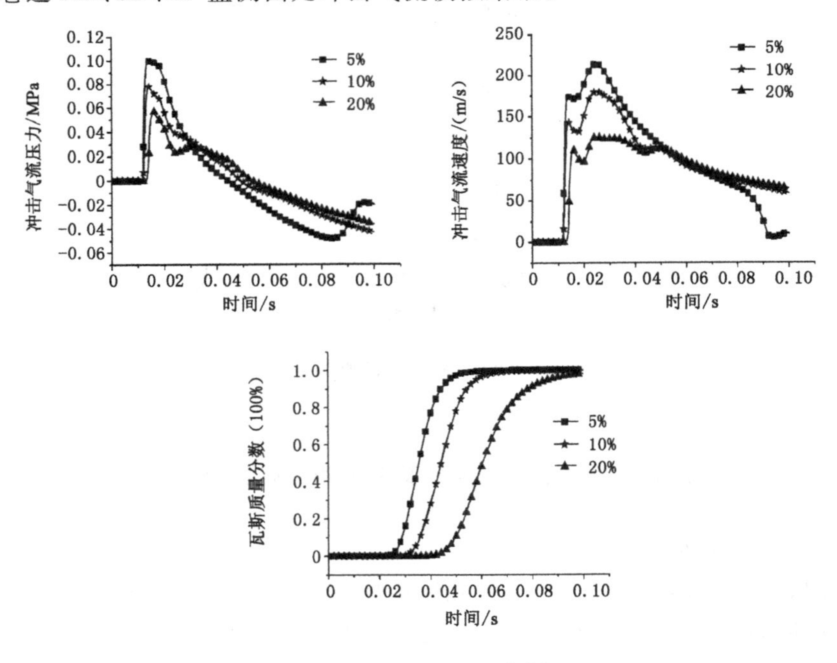

图 3.10　T 形巷道 AB、CD、EF 监测面处冲击气流模拟结果

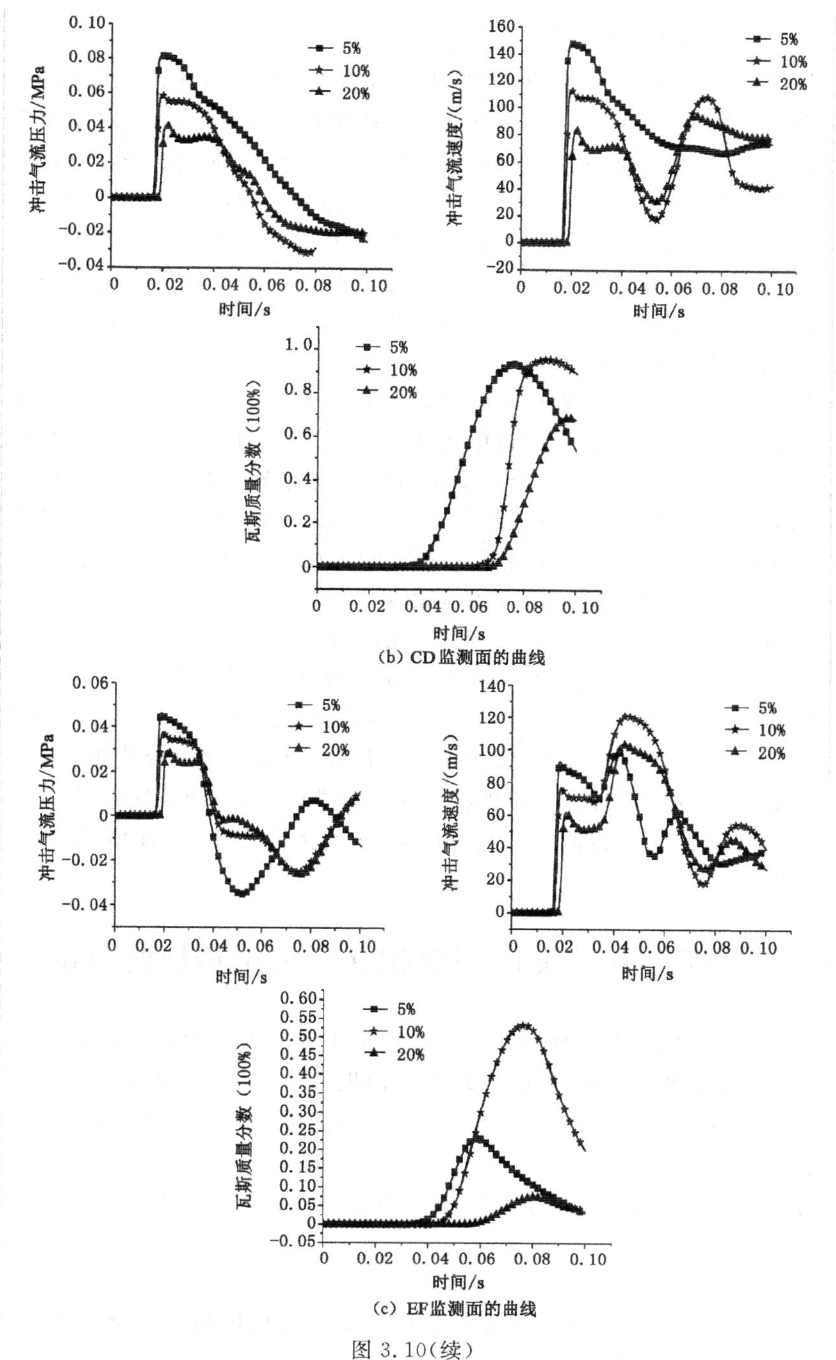
冲击气流压力/MPa
时间/s
5%
10%
20%
冲击气流速度/(m/s)
瓦斯质量分数（100%）
(b) CD监测面的曲线
(c) EF监测面的曲线

图 3.10(续)

3.2.3.3　数值模拟结果分析

从AB监测面曲线中可以看出，煤粉体积分数越大，冲击波的峰值压力越低，且到达峰值略为滞后，这从速度监测曲线中也可以看出；煤粉体积分数越小，瓦斯气流达到完全膨胀的时间越短，速度升高越快，传播得越快，冲击波峰值压力下降得也越快，在0.03 s时刻，体积分数为5%的冲击气流压力下降低于10%与20%的冲击气流压力，并且由于压力的下降，冲击气流速度在0.05～0.06 s也有相同趋势。从瓦斯质量分数监测曲线中可以看出，煤粉体积分数较小的突出，瓦斯气流膨胀做功较快，快速膨胀运移充满巷道空间，煤粉体积分数越大，瓦斯气流传播得越慢。

从CD、EF监测面的曲线图中可以看出，冲击气流在支巷道中产生了分流，但大部分的冲击气流是在主巷道中传播的。从CD、EF监测面的压力对比图中可以看出，主巷道中的冲击气流峰值压力在相同的煤粉体积分数下，比在支巷道中的峰值要高，且煤粉体积分数越小，冲击气流峰值越高，但是冲击气流在主、支巷道中的速度不同，压力下降的幅度略有不同，最直观体现在巷道瓦斯质量分数的曲线图上，从EF监测面的曲线中可以看出，煤粉体积分数为5%时，压力下降得较快，在0.03 s时已低于10%和20%的压力，此时对应的冲击气流速度也低于10%和20%冲击气流速度，瓦斯在支巷道的对流运移也因为速度的降低而降低。由此可以得出结论：冲击气流由于支巷道的分流作用，在主巷道中有很大衰减，但冲击气流强度仍然较大，并且煤粉体积分数越低，压力峰值越大；支巷道对冲击气流有一定的卸压作用，但当煤粉体积分数较低时，冲击气流在主巷道中的速度较快，导致进入支巷道中的气流较少，压力下降得较快，瓦斯对流运移的速度也较慢。

3.3　两相煤粉瓦斯突出与单相瓦斯突出传播特征的对比

本节通过不同情况的煤与瓦斯混合相突出衰减规律的数值模拟与瓦斯单相突出衰减规律的数值模拟对比，比较数值模拟的一致性，以验证数值模拟的可行性，并进一步确定突出衰减的规律。本节突出的模型与第三节的突出模型一致，参数也一致。

图3.11为直巷道中，煤层瓦斯压力为$p_1=1$ MPa时，监测面AB、CD处的冲击气流模拟结果。

由图3.11分析可知：

① 单相瓦斯突出的冲击气流的变化规律与两相煤粉瓦斯突出的冲击气流的变化规律类似。但瓦斯突出冲击波的峰值压力要比含有煤粉颗粒的突出高很

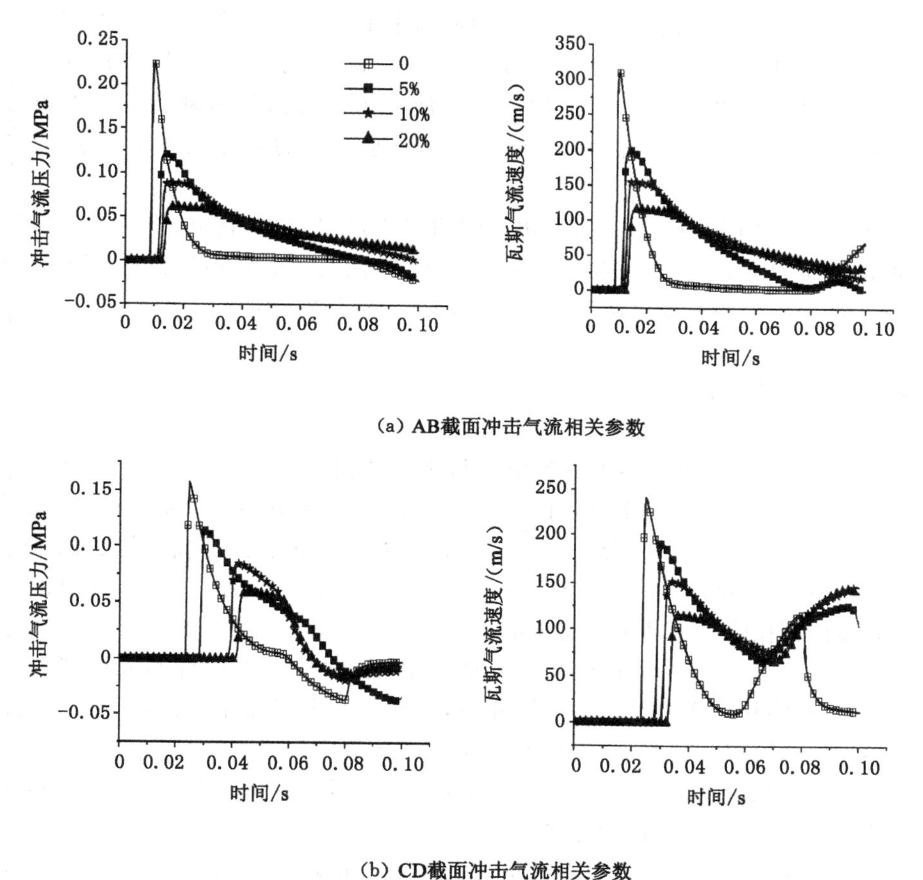

(a) AB截面冲击气流相关参数

(b) CD截面冲击气流相关参数

图 3.11　瓦斯压力为 1 MPa,监测面 AB、CD 处的冲击气流模拟结果

多,冲击波达到峰值压力的时间也较含煤粉的情况提前,这是由于煤粉吸收了大量的能量,同时阻滞了冲击气流的膨胀和运移,且煤粉体积越高,这种现象越明显。

② 当瓦斯压力为 1 MPa 时,AB 截面瓦斯突出冲击波在 0.01 s 左右达到峰值 0.225 MPa,煤粉为 5%时的冲击波压力在 0.013 s 达到峰值 0.125 MPa,衰减系数为 1.8;煤粉为 10%时,冲击波在 0.015 s 达到峰值 0.086 MPa,衰减系数为 1.45;煤粉为 20%时,冲击波在 0.017 s 时达到峰值 0.065 MPa,衰减系数为 1.32;冲击气流的速度与冲击波有直接关系,其随煤粉体积分数不同的变化趋势与冲击波压力的变化趋势类似。

③ 从 CD 截面图中可以看出,冲击波压力和冲击气流速度较 AB 截面都有

一定程度的衰减，当突出压力为1 MPa时，煤粉体积分数由低到高与单相瓦斯的压力峰值相比的衰减系数依次是1.57、2.43、3，由此可见，煤粉体积分数越高，煤粉吸收突出冲击气流的能量也越大，使冲击波峰值压力降低的幅度也越大，但同时增加了冲击气流的质量，使得相同速度下的冲击气流有更强的破坏力。

④ 从CD截面的冲击波压力和速度曲线中可以看出，在0.05～0.06 s时刻，冲击波压力降为负值，在巷道中形成负压带，使之后的巷道气流向负压带快速运移，冲击气流的速度再次升高。这和理论中提到的脉冲冲击类似。

3.4 本章小结

（1）理论分析了突出冲击波的形成机理与传播特征，冲击波是由于高压的煤与瓦斯混合流瞬间从突出区域内涌入巷道空间，压缩巷道空气形成的；得出了冲击波波阵面的速度公式；分析了突出两相流的几种状态：超过临界状态、未超过临界状态；突出区域出口处流体静压越大，产生的冲击波超压越大，并且两相流中的煤粉颗粒降低了冲击波超压值。

（2）通过分析气固两相流的研究方法，欧拉-欧拉法更适合本书模拟的要求，即把煤粉颗粒看作是均匀的连续介质，分布在瓦斯气流中；选择了基于压力解算器的计算模型、混合多相流模型、标准k-ε湍流模型等。

（3）运用Fluent软件模拟了不同煤粉体积分数、不同瓦斯压力、不同巷道类型情况下，突出冲击气流的传播特征。

（4）单相瓦斯突出冲击气流的变化规律与两相煤粉瓦斯混合流突出的变化规律类似；煤粉体积分数越高，煤粉吸收突出冲击气流的能量也越大，使冲击波峰值压力降低的幅度也越大，但同时增加了冲击气流的质量，使得相同速度下的冲击气流有更强的破坏力；从直巷道冲击气流衰减规律可以看出，突出在距离突出区域较近的巷道空间衰减得较慢，后期衰减得较快。数值计算得到的结论与试验结果是一致的。

4 基于 Fluent-Edem 耦合突出煤粉瓦斯两相流数值模拟

为了深入分析突出煤粉瓦斯两相流的流动规律，本章通过理论分析、数值模拟以及实验对比的方式对突出煤粉瓦斯两相流动的规律做了较为清晰的阐述，利用 Fluent-Edem 耦合模拟了在考虑煤粉颗粒作用时的冲击气流在井巷周边巷道的传播。理论分析了突出煤粉瓦斯两相流的相互作用基础，并建立 Fluent-Edem 耦合模型对突出实际进行模拟，通过 Fluent 与 Edem 耦合模拟计算了不同巷道类型、不同煤粉体积分数等情况下，突出煤粉瓦斯两相流的运移特征。

4.1 基于 Fluent-Edem 耦合突出煤粉瓦斯两相流模型建立

突出煤粉颗粒相与瓦斯气体相是相互作用的两相，两相间作用以及煤粉颗粒间的作用不可忽视。因此建立突出煤粉瓦斯两相流 Fluent-Edem 耦合模型，对它们进行气固耦合分析，可以更准确地得到二者的运动特征，更好地为实际工作提供理论支撑。

4.1.1 离散元方法与 Edem 模块分析

4.1.1.1 离散元方法简介

离散元方法处理问题的方式是把研究对象的整体进行分解，使之成为一系列独立运动的离散的粒子，通过处理粒子的运动来反映整体的运动特征。在每个粒子上运用牛顿第二定律进行受力求解，并且是应用显示中心差分的方式来解算运动方程，利用粒子的运移特征以及相互之间的位置关系来归纳展现整个介质的变形演化规律。在连续介质类力学问题的解算过程中，要对问题的边界条件进行设置，同时也不可以忽略本构方程、平衡方程以及变形协调这 3 个方程。

循环迭代计算往往是在运用离散元方法进行模拟仿真时所采用的运算方法，它可以通过循环迭代计算持续跟踪运算介质颗粒的运移情况，其中具体运算流程如图 4.1 所示。

离散元方法中的每一个循环周期主要由两个计算步骤组成：第一步，运用牛顿第三定律在确定颗粒接触形式的基础上，求解计算颗粒的受力情况。第二步，

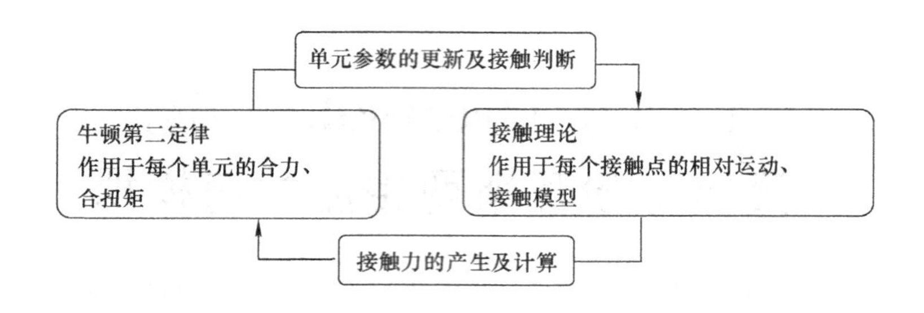

图 4.1　离散元法计算流程

在明确颗粒受力的基础上，运用牛顿第二定律求解作用于每个颗粒上的合力、合扭矩。然后更新颗粒的位置，在新的位置上重新进行第一步、第二步的计算。就这样进行循环迭代，直至迭代到事先设置的次数或者颗粒的运移趋于平稳或者颗粒的受力趋于平衡状态为止。

离散元方法从最初被发现到如今，在岩土工程以及颗粒散体（粉体）工程两个领域的应用中发挥了其独到而又不可替代的作用。近些年，离散元方法又在求解连续介质以及连续介质向离散介质转变的研究领域取得了较大的发展，并且优势明显。这些领域包括离散固体颗粒的处理、介质的破坏、壁面对颗粒碰撞的受力情况以及质量热量传递等。

4.1.1.2　Edem 工作模块分析

Edem 软件是一款通用的 CAE 软件，它将离散元方法编入到程序中，运用该方法对颗粒的运动进行专业的模拟，然后进行分析处理。这种方式本身包括模型创建（create）、求解计算（simulator）以及分析处理（analyst）三个工作模块。

模型创建是 Edem 的前处理模块（图 4.2），它可以对介质颗粒进行快捷的建模。可以对介质颗粒的形状、粒径范围、颗粒数量等参数进行设置，除此之外还可以设置颗粒的材料类型以及相互间的力学关系。同时，Edem 也可以为介质颗粒所在容器进行简单的建模，或者通过其他软件导入。另外，用户可以根据自己的要求利用模块中特有的颗粒工厂技术生成需要的颗粒模型（另外含有颗粒产生的部位、速率等其他条件）。

求解计算是 Edem 的求解器模块（图 4.3），通过求解计算获取颗粒的速度以及受力等需要的参数。它结合了成熟的离散元方法以及经典的碰撞方程，在拉格朗日的框架下运行。并行运算的嵌入，大大缩短了计算案例的耗费时间。它的运行结果会进行保存并实时展示。

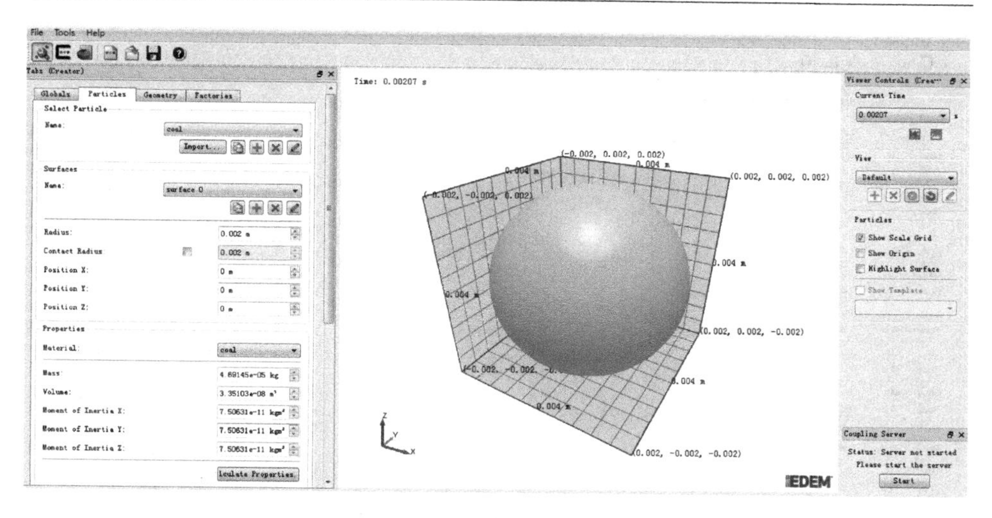

图 4.2　前处理模块

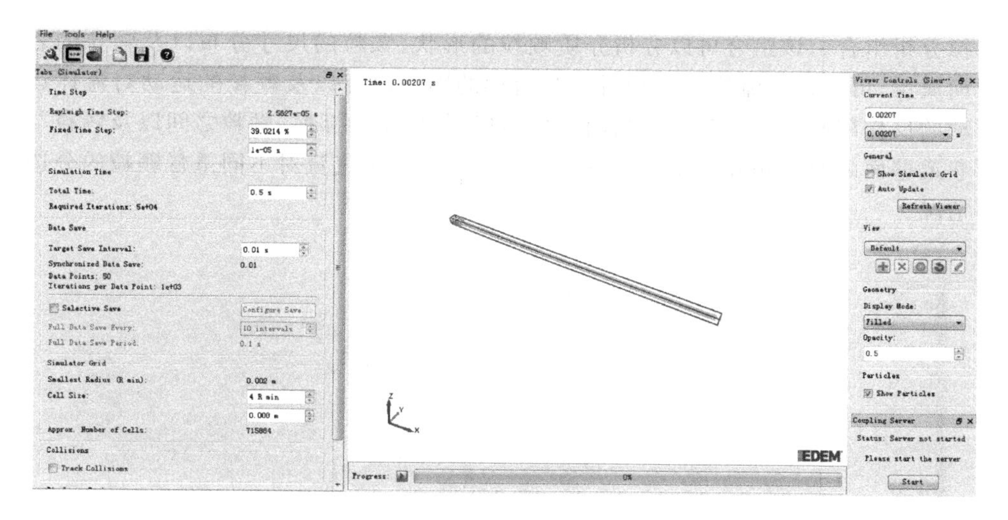

图 4.3　求解器模块

分析处理是 Edem 的后处理模块(图 4.4),它拥有丰富的工具来对模拟运算结果进行必要的分析处理。它可以通过颜色对各项参数进行区分,给使用者一个清晰的反馈;也可以通过柱形图、饼状图、折线图等各类统计图表对运算数据进行后处理,并且处理后的图表等结果可以直接导出使用,极为方便快捷。用户在使用数据进行分析时非常可靠。

Edem 不仅自身可以进行颗粒系统的力学计算,除此之外,它还具备与全球先进的 CFD 软件 Fluent 进行耦合计算的能力,通过耦合可以形成较完善的模

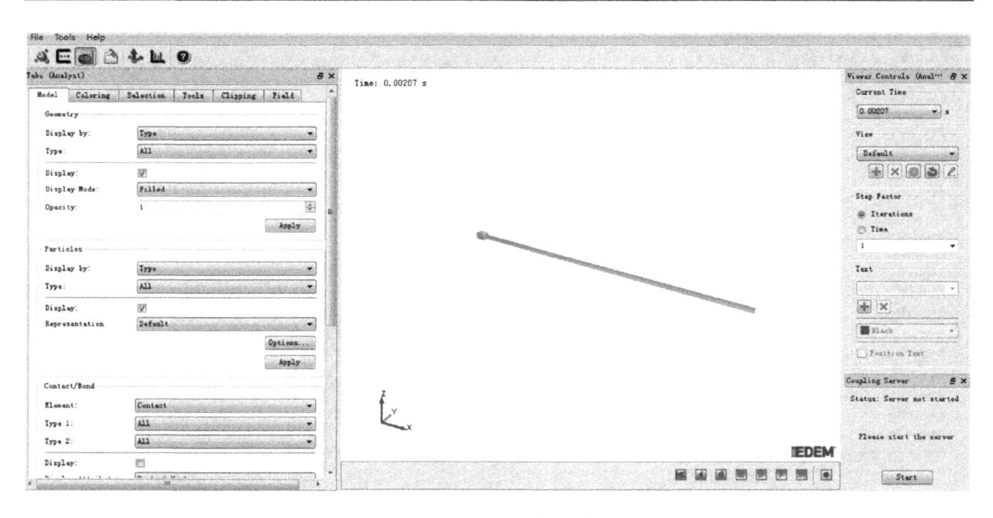

图 4.4　后处理模块

拟分析组合。该组合可以分析介质颗粒的形状、颗粒的尺寸分布以及颗粒的表面属性,可以进行流体的运动对颗粒运动的影响研究以及颗粒的运动对流体运动的反作用研究,研究对象内各相之间热量与质量的互换、颗粒之间以及颗粒与巷道壁面之间的相互作用等。图 4.5 所示为流场中气流对不同重量颗粒的分选情况。

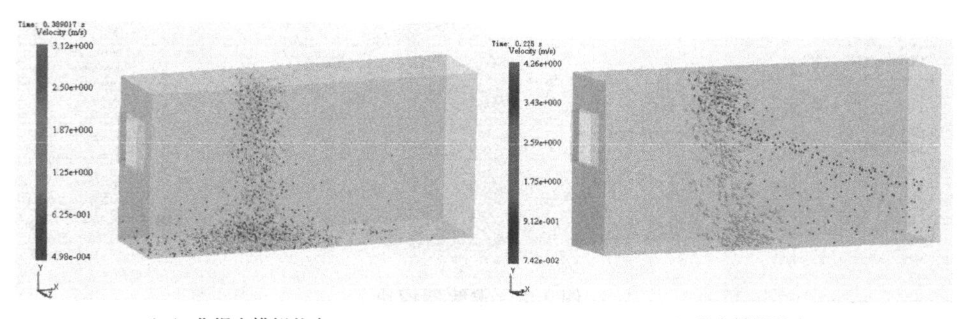

(a) 非耦合模拟状态　　(b) 耦合模拟状态

图 4.5　气固耦合对比实例

4.1.2　离散元法与 Fluent 的耦合分析

4.1.2.1　Fluent-Edem 耦合计算方法

对于流体运动的特征研究,如今已形成两种较为成熟的方法。它们分别是欧拉(Eulerian)研究方法和拉格朗日(Lagrangian)研究方法,这两种方法有着各自不同的原理与特点,适用的条件也各有差异。

欧拉方法具有下述特征:它将流场内的每一个空间区域作为研究的目标,研究流体经过上述空间区域时流体的各个状态量随时间变化的关系。如此一来,对于流体场的运算在选择欧拉方法进行迭代的时候,可以获取流体在经过所研究的流体场中指定的空间区域时的瞬时物理量以及流体瞬时的运移特性。拉格朗日方法所具有的特征是:该方法将流场中的每一个目标质点视为研究的对象,研究每一个目标质点在所要研究的流体场中的速度、位置以及其他物理量等随时间变化而变化的规律。通过以上的叙述比对可发现,欧拉方法更适合对流体进行研究,而如果是离散的颗粒体则更适合运用拉格朗日方法进行运算,这两种方法各有千秋。

以上所列两种计算方法同样适用于描述气固两相耦合流动的流场问题。众所周知,针对气固两相耦合流动而言,因为气体相是弥漫在整个流场区域中的,所以更适合运用欧拉方法进行运算;而颗粒固体相的影响是否要一起考虑,则需要根据颗粒的浓度及两相间的关系来综合判定。如果颗粒相在流体中分散分布,且比较均匀,与流体性质差异不大,可以选择欧拉方法进行研究;如果颗粒相体积较大,与流体性质差异较大,可以选择拉格朗日方法进行研究。鉴于两相考虑,针对气固两相流动的耦合数值模拟方法也慢慢形成了欧拉-欧拉耦合模拟计算方法(Eulerian-Eulerian approach)和欧拉-拉格朗日耦合模拟计算方法(Eulerian-Lagrangian approach)两种类型。

其中欧拉-欧拉耦合方法又包括无滑移单流体模型和双流体两种模型。无滑移单流体模型是非耦合性质的模型,它具有这样的特点:将原来的两相物质假设成为一相,这个假设的前提条件是两相的速度以及各相湍流状态都假设相等。由此可以发现这种模型的适用性较低,仅仅针对颗粒粒径非常小的状况,而且准确度非常低,与实际情况吻合度低。双流体模型则是具备双向耦合特征的模型,它具有这样的特点:它将颗粒相看成是一种拟流体的状态,即有一定流体的性质,适用流体的方程。拟流体的优势在于整体上考虑颗粒相的运移规律,可以用于较大规模的工程问题,但是另一方面拟流体模型会模糊了非均匀结构的真实性,同时不能计算颗粒间的相互作用。

欧拉-拉格朗日耦合方法则包括 DEM 双向耦合模型、DPM 单向耦合模型以及 LBM 双向耦合模型三种。其中,DEM 作为双向耦合模型,它具有的特点是:它运用欧拉方法对流体进行求解计算,求解流场中每个区域流体随时间的变化而发生的变化。另一方面,运用拉格朗日方法对颗粒相进行求解计算,求解流场中每一个颗粒的速度、位置随时间变化而变化的情况。这样可见,流体与固体都采用了适合自身的方法求解，这是该模型的优势所在，当然该模型的缺点就是运算量相对较大。DPM 是单向耦合模型，它具有的特点是：通常可以设置较大范围的颗粒尺寸、形状和速度，但是颗粒数量要求在 10^{-5} 数量级间，该模型更适用于二维模拟情况，计算的准确率和计算量均属于中等水平。LBM 是双向耦合模型，它具有的特点是：只能计算非常少量的颗粒，并且目前只能应用于理论阶段，还不能真正解决工程实际问题，但是优点是该模型计算准确度较高，计算量中等水平。

拉格朗日模型仅仅对气固两相之间的动量交换进行了计算，而没有考虑气固两相之间的能量和热量的交换。这种耦合模型在 CFD 中可以被认为与 DPM 模型是相似的。欧拉模型则不仅将气固两相之间的动量进行了考虑，同时也对固体相颗粒对流体相运动的影响进行了考虑。

本书计算模型的最终选择：

矿井实际突出发展过程中有着强烈的气固两相间相互作用，突出煤粉岩石数量大，并且煤岩体积有较大差距，所以，可以排除运用无滑移单流体模型、DPM 单向耦合模型以及计算颗粒数量较少的 LBM 双向耦合模型。剩下的双流体模型和 DEM 双向耦合模型目前来看在科研界以及工业界中在高速高压气固两相流动特征的研究上应用比较多，较为适当。

以 Euler-Euler 方法为基础的双流体模型将突出过程中突出的粉煤颗粒视为拟流体介质，这对于本书的研究来说有所欠缺，因为它不能表现出颗粒间的相互作用，故本书暂不用此模型。DEM 双向耦合模型利用完善的离散元求解方法对颗粒的运移状态进行计算，与此同时，该模型考虑了煤粉颗粒在流体中会占据流体空间，鉴于此，它就可以对双流体模型所无法揭示的颗粒间相互作用做准确的描述。

为了更准确深入地得到瓦斯突出后，矿井巷道中煤粉瓦斯两相流的运移特征，在对以上两种模型的优缺点进行比对之后，本书最终决定应用 DEM 双向耦合模型开展模拟研究。

4.1.2.2 Fluent-Edem 耦合仿真计算流程

Fluent-Edem 耦合模拟两相流的运算流程如图 4.6 所示，具体流程描述如下：

首先，Fluent 进行迭代计算，直至将某时刻的流场迭代至收敛；然后将流场信息转入到 Edem 中颗粒上，这其中是通过曳力模型的手段进行的；接着，Edem 会据此计算颗粒所受到的合力、位置等参数；最后，Edem 将信息再导入到 Fluent 中为流场的计算提供颗粒的条件，按照这样的顺序循环迭代计算。

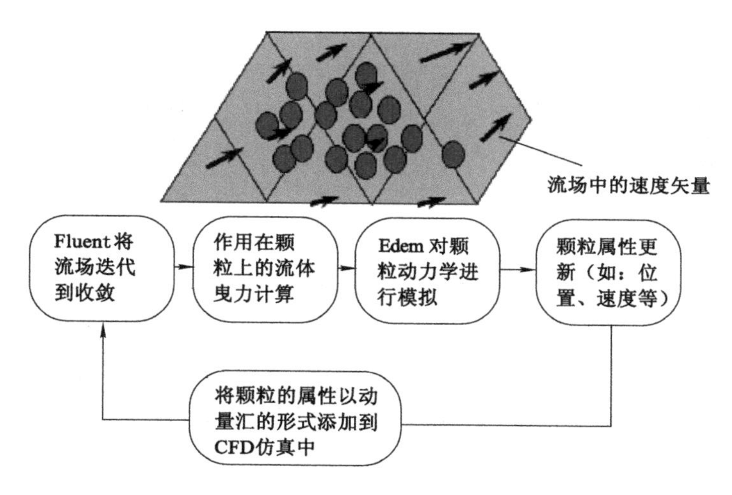

图 4.6 Fluent-Edem 耦合仿真运算流程

4.1.2.3 Fluent-Edem 耦合仿真的特点与优势

Edem 自身可以独立对颗粒力学问题进行模拟运算，另外，它还可以通过与 Fluent 等耦合来对两相流系统进行模拟运算，并且在耦合模拟运算时有如下所述的特点：

① 二者在进行耦合数值模拟仿真时，其耦合模块是内嵌于 Fluent 软件里的，通过对耦合模块的设置，可以对它们进行无缝连接；

② 在向 Edem 中导入数值模型的几何体时，可以利用 Import 自动读取 Fluent 中 Gambit 建立的几何模型及其划分的网格单元；

③ 通过在 Fluent 中对耦合模块的设置，可以实现 Fluent 与 Edem 多相流的耦合数值模拟；

④ 耦合仿真的过程中，Edem 可以对颗粒运移轨迹进行运算并直接跟踪显示，实时更新；

⑤ Fluent 与 Edem 耦合时具有双向作用，流场的运动可以作用于颗粒，反之，颗粒的运动也会反作用于流场。

Fluent 中的 Edem 耦合模块如图 4.7 所示。

利用 Fluent-Edem 进行耦合仿真，具备以下优势：DEM 方法直接求解颗粒系统的运移，并进行示踪；计算流体动力学（CFD）技术直接对流场的变化情况进行求解。它们通过一定的接口进行模拟耦合，实现动量、质量、能量等的共享。运用二者的耦合模拟，所具有的特殊优势就是运用非常专业的手法独立模拟颗粒与流体的作用，颗粒与流体都可以用最适合的方法进行仿真。在模拟运算的过程中，颗粒

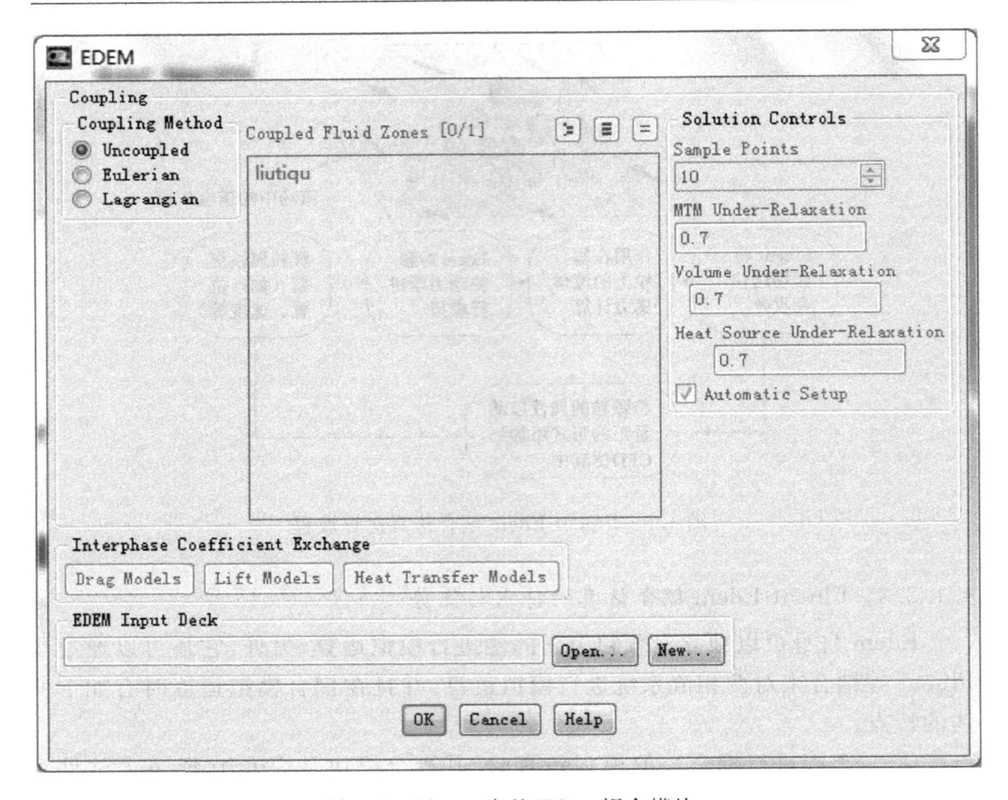

图 4.7　Fluent 中的 Edem 耦合模块

的大小、尺寸分布、形状、材料属性等均可以进行设定，对颗粒系统的运动情况及其与流体系统的相互作用都可以准确描述。另外，运用 Fluent 与 Edem 耦合模拟对流体-颗粒系统进行分析的时候，有以下几个方面的优势非常明显：

① 模拟中的颗粒尺度分布范围广，可以在理想的区间内进行设置，基本可以满足现实的需求；

② 可以对非球形颗粒进行数值模拟，可以通过自己的设置搭配与组合，逐渐接近所需要的形状；

③ 在模拟流体中充满颗粒，颗粒的体积分数大时更是有不可替代的优势；

④ 可以对离散颗粒的凝聚和分离进行模拟；

⑤ 可以对机械设施上颗粒的沉积以及黏结现象进行模拟。

4.1.3　突出煤粉瓦斯两相流 Fluent-Edem 耦合模型建立

Fluent 与 Edem 耦合模拟时，这个过程对软件版本有一定的要求，不同的

Fluent 版本对应耦合不同的 Edem 版本。本书使用的是 17.0 版本的 Fluent 与 2.7 版本的 Edem 进行数值建模以及数据分析。

4.1.3.1　物理模型的构建与流体域网格划分

在利用 Fluent 对目标案例进行数值模拟仿真之前，要先对案例中的几何物理模型的流体区域进行网格划分。常用的 GAMBIT、ICEM 以及商业性质的软件 HyperMesh 等都是很好的网格划分软件。在考虑到计算机配置、求解实现的程度方面，本书最终决定选择 GAMBIT 对煤矿巷道物理模型进行构建，同时在几何模型构建完毕后，继续使用 GAMBIT 对前面所创建的几何物理模型进行适当的网格划分。在这里，GAMBIT 划分好网格后所形成的.msh 格式的网格文件在 Fluent 与 Edem 中均可以识别导入。GAMBIT 中规定的三维体网格单元类型如表 4.1 所示。

表 4.1　三维体网格单元类型

单元类型	说　明
Hex	是指需要进行网格划分的区域中只包含有六面体网格
Hex/Wedge	是指运用六面体和楔形网格对研究的目标区域进行网格划分，其中以六面体网格占大多数
Tet/Hybrid	是指运用四面体、六面体、锥形与楔形网格对研究的目标区域进行网格划分，其中以四面体网格占大多数

另外，GAMBIT 中规定的三维体网格划分方法如表 4.2 所示。

表 4.2　三维体网格划分方法

划分方法	说　明
Map	是指将需要进行网格划分的规则区域分成有序的结构网格
Submap	是指将需要进行网格划分的不规则空间划分成几个规则的区域后，再进行网格划分
Tet Primitive	是指将需要进行网格划分的四面体空间划分成四个六面体区域，再进行网格划分
Cooper	是指根据要求的源面和网格单元类型划分整个区域
TGrid	是指在几何模型的边界处利用四面体网格进行划分，而在远离边界处利用六面体网格进行划分
Stairstep	是指运用与原来几何形状相似的六面体网格对目标空间进行划分

同时，需要注意的是三维体网格划分方法与体网格单元类型的对应关系（标记“√”的单元表示允许）如表 4.3 所示。

表 4.3 三维体网格单元类型与网格划分方法的对应关系

划分方法	单元类型		
	Hex	Hex/Wedge	Tet/Hybrid
Map	√		
Submap	√		
Tet Primitive	√		
Cooper	√	√	
TGrid			√
Stairstep	√		

由于本书的模型是方形巷道与突出腔的设置，结合以上描述，在划分网格时，选择的是 Map 三维体网格划分方法和 Hex 体网格单元类型结合的结构化网格划分法。具体网格划分情况如图 4.8 所示。

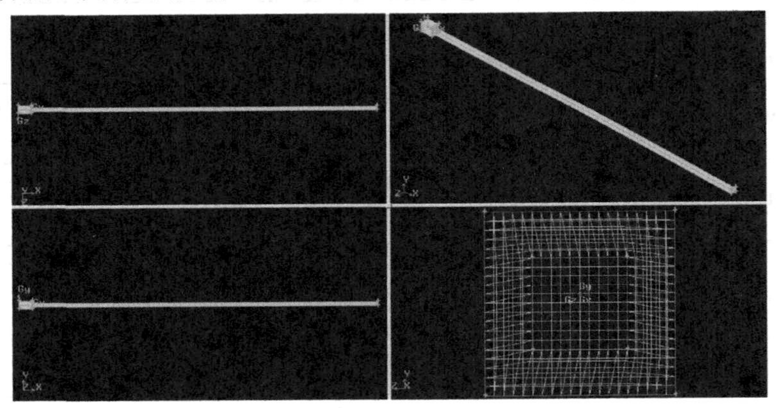

图 4.8 网格划分示意图

4.1.3.2 Edem 中煤粉颗粒的定义

Edem 中需要对煤粉颗粒的模型进行构建，这个过程由模型构建和仿真计算两个模块构成。

1. 颗粒模型的构建

(1) 全局变量的控制

全局变量选项是对模型的整体参数进行控制的。在这个选项中可以对模型的接触形式进行选择，可以对模拟的整体重力进行设定，可以对模型的材料进行简单的设置。

① 接触模型的选择

煤粉颗粒模型构建过程中，首先要对煤粉的形状尺寸、自身重力以及材料种类进行选定。接下来最重要的是对颗粒间以及颗粒与巷道壁面间接触模型的选定。Edem 中内嵌有满足众多现实条件的接触模型可供研究者根据实际需要进行选择。这些接触模型中，Hertz-Mindlin(no-slip)接触模型是 Edem 中默认的也是应用最为广泛的接触模型。它可以对介质颗粒的受力情况进行贴切的计算，可以满足本书中煤粉颗粒间的接触要求，所以本书选择 Hertz-Mindlin(no-slip)作为煤粉颗粒间的接触模型。

② 重力设定

Edem 中引入的是与 GAMBIT 等同的坐标系，故 Edem 中在 Z 轴方向设置重力加速度为 $-9.81\ m/s^2$。

③ 材料参数确定

为了使模拟实际情况尽可能接近，就必须对模拟模型中的材料进行设定。在 Edem 软件中可以对煤粉的有关物理力学参数(泊松比、剪切模量以及密度等)以及煤粉颗粒与其他物体发生碰撞时的力学特征系数(颗粒与颗粒间的恢复系数、颗粒与壁面间的静摩擦系数、颗粒与壁面间的滚动摩擦系数)进行设定，在本书煤与瓦斯突出案例中，对上述参数的具体设置情况如表 4.4 所示。

表 4.4　Edem 基础参数设置

参数	数值	单位
泊松比	0.25	—
剪切模量	800	MPa
密度	1 400	kg/m^3
颗粒与颗粒间的恢复系数	0.1	—
颗粒与壁面间的静摩擦系数	0.5	—
颗粒与壁面间的滚动摩擦系数	0.05	—

(2) 煤粉颗粒建模

创建煤粉颗粒，在考虑到模拟硬件配备以及尽可能与实际相吻合的情况，本书将模拟突出的煤粉粒径设为 0.5～1.5 mm 之间，均值为 2 mm，对应实验中煤筛 10～35 网目的情况。选择煤粉材料后，软件将自动计算出煤粉的质量、体积以及其他相关参数。

(3) 导入几何巷道文件

将之前 Gambit 生成的.msh 网格几何文件通过 Import 导入到 Edem 中，并在突出腔位置设定同样尺寸的虚拟几何体，作为之后的虚拟颗粒工厂用以产生煤粉。

(4) 设置颗粒工厂

在突出腔体内选择虚拟颗粒工厂，定义颗粒形成的各项状态参数，等待仿真计算中形成煤粉颗粒。

2. 仿真计算

进入仿真计算模块后，首先是对时间步长进行设定，为保证整个模拟运算的连续性，将 Fixed Time Step 设置成 Rayleigh Time Step 的 5%～40%之间。其次，是在 Edem 中对网格进行单独划分，将网格单元设置成最小煤粉颗粒半径的 2～4 倍即可自动生成网格。接下来在 progress 中计算形成需要的煤粉颗粒，将计算结果保存，作为 Fluent 中的初始条件。

4.1.3.3 Fluent 中流体场及耦合模块的设置

首先确保以上条件设置完善，然后在 Fluent 中完成对耦合模块的设定。

(1) 开启 Edem 中与 Fluent 耦合的接口

具体操作为：点击耦合服务中的开始按钮——Start，使 Edem 处于待耦合连接的状态，如图 4.9 所示。之后启动 Fluent，进行耦合模块相关参数的设定。

图 4.9　Edem 中待耦合示意图

(2) 在 Fluent 中设定具体的耦合条件

在 Fluent 17.0 中，设置完毕流体材料以及相应区域边界条件后，打开如图 4.10 所示的界面进行耦合模块设置，耦合模块的设置是耦合成功的重要一步。在这里面，用户可以根据颗粒自身属性以及运移属性等来选定耦合的方法、耦合仿真的流体区域、升降收敛因子、曳力模型以及升力模型等。具体设置依据如下：

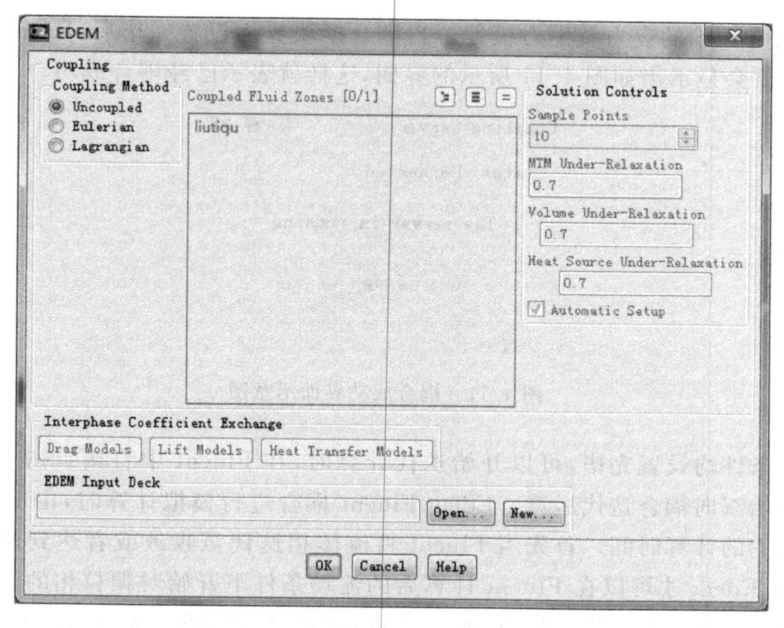

图 4.10　Fluent 中耦合界面示意图

① 耦合方法。DEM-CFD 耦合迭代运算气固两相流有以下两种方法可供研究者进行选择:拉格朗日方法和欧拉方法。本书为较准确地揭示出矿井下发生突出后,在巷道内的煤粉瓦斯两相流的运动特点以及两相间的相互作用,决定使用基于欧拉-拉格朗日计算方法的 DEM 双向耦合模型开展研究。

② 确定耦合流体区域。在一个具体的工程问题中,所考虑的区域中可能存有多个流体区域。但是当 Fluent 与 Edem 进行耦合模拟运算时,它们只对固体颗粒存在的流体区域进行耦合计算。本书中因为所有区域均需要两相模拟,所以整个区域均是耦合流体区域。

③ 调节松弛因子。Fluent 中的松弛因子是关乎耦合稳定程度以及收敛效果的关键参数。松弛因子在规定范围内与迭代稳定性呈负相关关系:即当增大松弛因子时,迭代稳定性变差;当降低松弛因子时,迭代稳定性变好,但是耗时增长。较低的松弛因子会换来迭代的稳定性,但是,得到的结果可能是非理想解。一般情况下,选取默认值进行迭代,在特殊情况下可以进行适当地调整,从而实现收敛并且满足物理现实的要求。

④ 确定两相间的作用类型。两相间的作用主要包括曳力、升力以及相间传热,它们分别对应各自的力学模型,每个模型的选择需要根据模拟的研究角度以及颗粒的运动状态综合确定。因为本书中不需要考虑相间的传热作用,只需要

选择 Fluent 中的曳力及生力模型。当耦合模块界面设置完毕后，Edem 中的耦合选项区会显示出如图 4.11 所示的界面，这样就表示已经耦合成功。

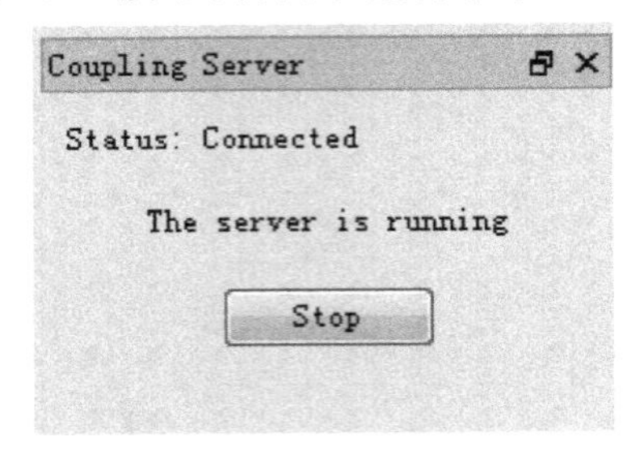

图 4.11　耦合成功界面示意图

当条件均设置完毕，可以开始迭代计算时，在 Fluent 中直接点击 calculate 即可开始双向耦合迭代运算。Edem-Fluent 耦合进行模拟计算时，由 Fluent 来控制它们的计算时间。首先当 Fluent 将流体相迭代至收敛或者达到最大迭代数目后，Edem 才可以在 Fluent 计算后的流场条件下开始对颗粒相的运移进行迭代计算。在仿真迭代过程中，要参看残差图的走势，据此调节相应模拟参数，使得耦合结果更完善准确。

(3) 选择湍流模型

Fluent 中提供众多湍流模型，其中标准 k-ε 模型是最简单的完整湍流模型，它具有两个方程，需要求解速度、时长两个变量，是一个半经验的公式。在 Fluent 中标准 k-ε 模型较为常用，它适用范围广、经济、精度合理。

标准 k-ε 模型的方程包括湍流动能方程 k 和扩散方程 ε，如式(3-1)和式(3-2)。

标准 k-ε 模型是一种高雷诺数的模型，适用性更普遍，其各参数为默认值即能够满足本书模拟的需求。

(4) 选择求解器

Fluent 中有两种求解器可供研究者进行选择，它们分别是基于压力修正的求解器和基于密度修正的求解器。其中，前者的控制方程组是以标量的形式列出的，它虽然可用于可压缩流体，但相比较而言，更适用于求解不可压缩形式的流体；而后者求解的控制方程是以矢量的形式列出来的，它在求解可压缩的流体流动时，相比基于压力修正的求解器有效果更好的解。它们之间的不同地方是：动量方程、能量方程以及连续方程的求解顺序不同。前者是按方程的先后排列进行求解，而后者是通过对方程进行联立起来同时求解。标量方程对于这两种解法来说都是最后添加上的。

考虑到基于密度修正的求解法在可压缩流动方面有更好的解，本书选择密度基求解器。

(5) 流场求解方法

对各离散方程组的求解是对流场进行求解计算的核心要义。而离散方程组的解答方法又可分为耦合求解法和分离求解法两种，具体分类如图 4.12 所示。

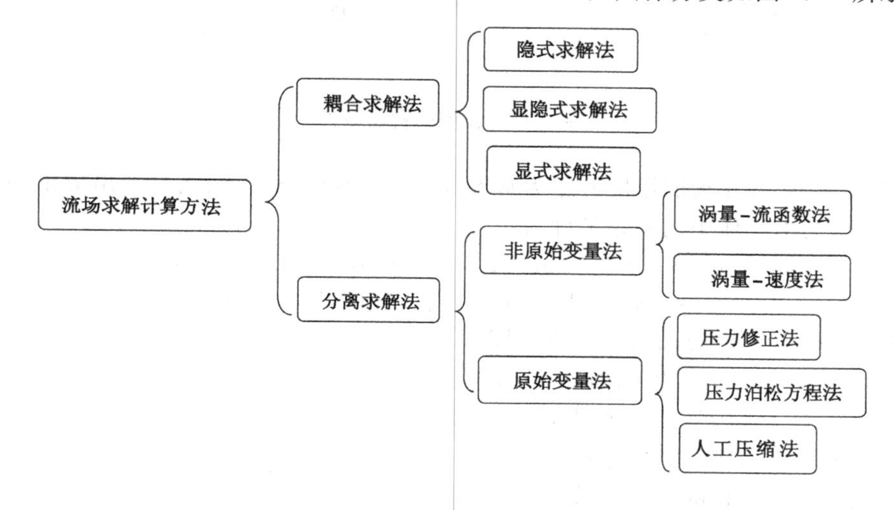

图 4.12　流场求解计算方法分类

耦合求解法最大的特点是：在求解方程组的时候是联立求解，进而计算出各方程的解；而分离求解法的特点是：它不直接联立方程组进行求解，而是按照先后顺序求解各个方程，直至求出每个方程的解。

由于在本书的突出案例中，两相流中的密度、动量以及能量都是相互有联系的，所以在采用联立求解方程组时更贴切。另外在耦合求解法中，显式求解法更加适用于动态明显的地方，比如激波示踪。综上所述，本书选择耦合隐式方法求解流场。

4.1.3.4　*初始条件的设定*

发生煤与瓦斯突出时，粉化后的煤粉颗粒是通过在 Edem 中利用静态颗粒工厂来模拟的。首先在 Edem 中以失重的条件下生成足够数量的煤粉颗粒，然后将其与 Fluent 进行动力耦合，设置突出的初始条件。其中模拟突出的动力源采用 Patch 补充定义高压的方式进行。模型的初始条件如图 4.13 所示。

结合突出实际情况以及模拟条件，本书将突出腔体设置成一个均匀混合着煤粉和瓦斯气体的高压区域，腔体中这种煤粉瓦斯混合流的高压力作为突出动力源。在突出发生与未发生的临界点时，将突出腔体内的瓦斯煤粉两相流的速

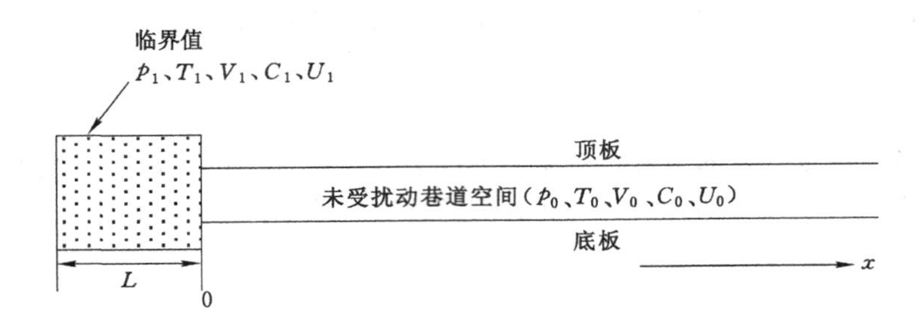

图 4.13　模型的初始条件

度设置为零,两相流的温度假定为常温 300 K。所以,可以列式总结出突出临界状态时,突出腔体中的初始条件为:

$$p=p_1;\ U_1=0\ \text{m/s};\ T_1=300\ \text{K};(-L<x<0)$$
$$C_1=95\%,V_1=5\%\ (C_1=90\%,V_1=10\%)$$

式中　p——突出的瓦斯压力值,MPa;

U——冲击两相流速度,m/s;

T——冲击气流温度,K;

C——瓦斯的体积分数;

V——煤粉的体积分数。

在煤矿井下正常生产时,巷道内的空气压力值为大气压力 p_0。巷道内的风速与突出时两相流的速度相比可以说是极其微弱的,可认为正常生产时巷道内的风速为 0 m/s。通常情况下,初始巷道风流中的瓦斯和煤粉浓度都是非常低的,并且浓度都低于 1%,可以忽略对模拟产生影响,所以,模拟时假设巷道内初始的瓦斯和煤粉的体积分数均为 0。同样,假设巷道内空气的温度为常温 300 K。根据上面的分析,可以列式总结出突出临界状态时,巷道中的初始状态条件为:

$$p_2=p_0;U_2=0\ \text{m/s};T_2=300\ \text{K};C=0,V=0(0<x)$$

式中　p——突出瓦斯压力,MPa;

U——冲击气流速度,m/s;

T——冲击气流温度,K;

C——瓦斯体积分数;

V——煤粉体积分数。

4.2　突出煤粉瓦斯两相流传播特征数值模拟

在煤矿井下生产作业过程中,当发生煤与瓦斯突出事故时,巷道中的煤粉瓦斯两相流的突出流动特征会随着突出巷道类型的改变以及煤粉体积分数的改变而发生变化。本节利用 Fluent-Edem 耦合的方式对等值突出压力、不同巷道类型、不同煤粉体积分数情况下突出煤粉瓦斯两相流的传播特征进行模拟研究。

4.2.1　突出煤粉瓦斯两相流在直巷道中的传播特征

4.2.1.1　构建直巷物理模型

图 4.14 所示为在直巷道中发生突出时的一种几何模型轴截面示意图。图中突出腔体的长度为 0.3 m、宽度为 0.2 m、高度为 0.2 m，直巷道的长度为 8 m。在距离突出口 2 m(即四分之一个巷道长度)及 4 m 处分别设立一个监测面，用以监测该处冲击两相流压力、速度随时间的变化情况。假设该模型模拟的初始突出压力为 $p_1=1$ MPa，直巷道中的空气相对压力初始值为 $p_0=0$ MPa，在考虑到模拟硬件配备以及尽可能与实际相吻合的情况，本书将模拟突出的煤粉粒径设为 0.5～1.5 mm 之间，均值为 2 mm，对应实验中煤筛 10～35 网目的情况。浓度分 5%、10%(按体积分数计算)两种情况分别进行模拟。

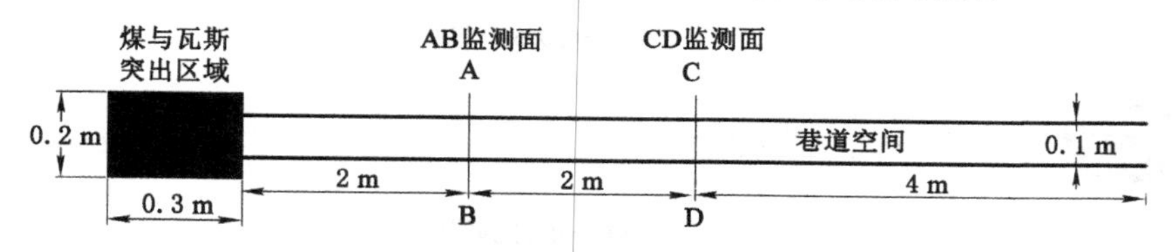

图 4.14　突出直巷道截面几何模型

4.2.1.2　直巷中模拟计算结果及分析

下列各图为突出压力为 1 MPa、煤粉体积分数分别为 5%与 10%时，煤粉瓦斯突出后在巷道中各瞬时时刻的运动轨迹。

图 4.15 所示为煤粉体积分数为 5%时，Edem 中 0.005 s、0.01 s、0.02 s 颗粒轨迹；

图 4.16 所示为煤粉体积分数为 10%时，Edem 中 0.005 s、0.01 s、0.02 s 颗粒轨迹。

通过图 4.15 和图 4.16 可以观察得到，突出后煤粉颗粒在气流的曳力作用下在巷道中向前推进。在突出的前 0.005 s 内，由于巷道中央瓦斯流速度极高，压力较同截面边壁处低，煤粉流在瓦斯气流压力作用下，在巷道中央呈凝聚柱状形态前进，如图 4.15(a)及图 4.16(a)所示。伴随着突出的发展，煤粉流速降低，煤粉逐渐呈散乱状态，呈喷雾状，并弥漫整个巷道，如图 4.15(b)及图 4.16(b)所示，在增大突出煤粉浓度后，相比低浓度突出，煤粉弥漫整个巷道的时间更快。

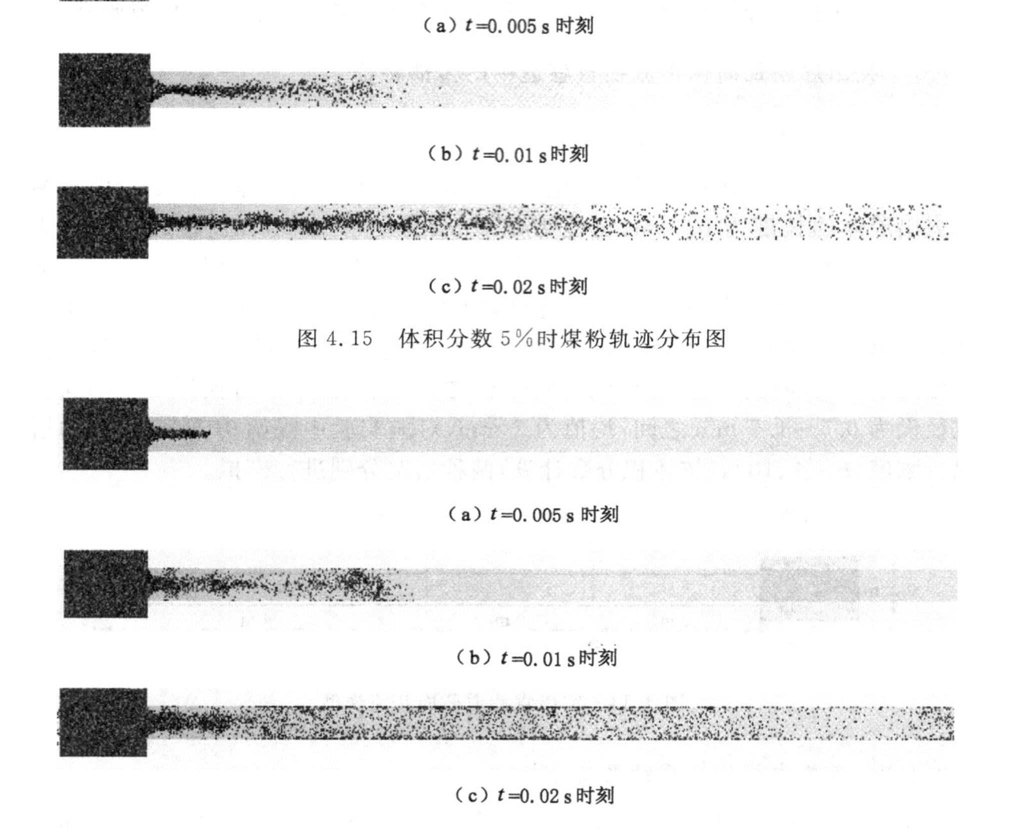

(a) t=0.005 s 时刻

(b) t=0.01 s 时刻

(c) t=0.02 s 时刻

图 4.15　体积分数 5%时煤粉轨迹分布图

(a) t=0.005 s 时刻

(b) t=0.01 s 时刻

(c) t=0.02 s 时刻

图 4.16　体积分数 10%时煤粉轨迹分布图

随着突出的继续发展，煤粉在巷道中呈均匀散布向前推进，如图 4.15(c)及图 4.16(c)所示。

图 4.17 为突出压力为 1 MPa 时，不同体积分数的煤粉条件下，巷道中煤粉流平均速度变化情况。

通过图 4.17 可以看出，当增大煤粉体积分数时，可以降低煤粉流速峰值。突出煤粉体积分数为 5%时，煤粉流在 0.056 s 时刻达到速度最大值 95 m/s 左右；当突出煤粉体积分数为 10%时，煤粉流在 0.04 s 时刻达到速度最大值 70 m/s 左右。

图 4.18 为突出压力为 1 MPa、体积分数为 5%时，冲击气流在 0.01 s 时刻的压力、速度云图；

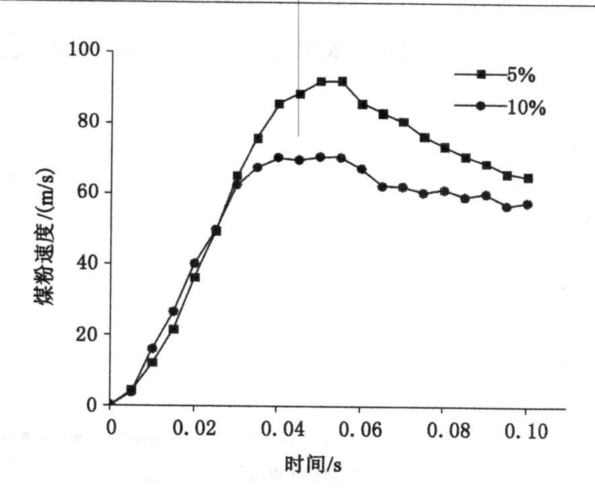

图 4.17　煤粉平均速度

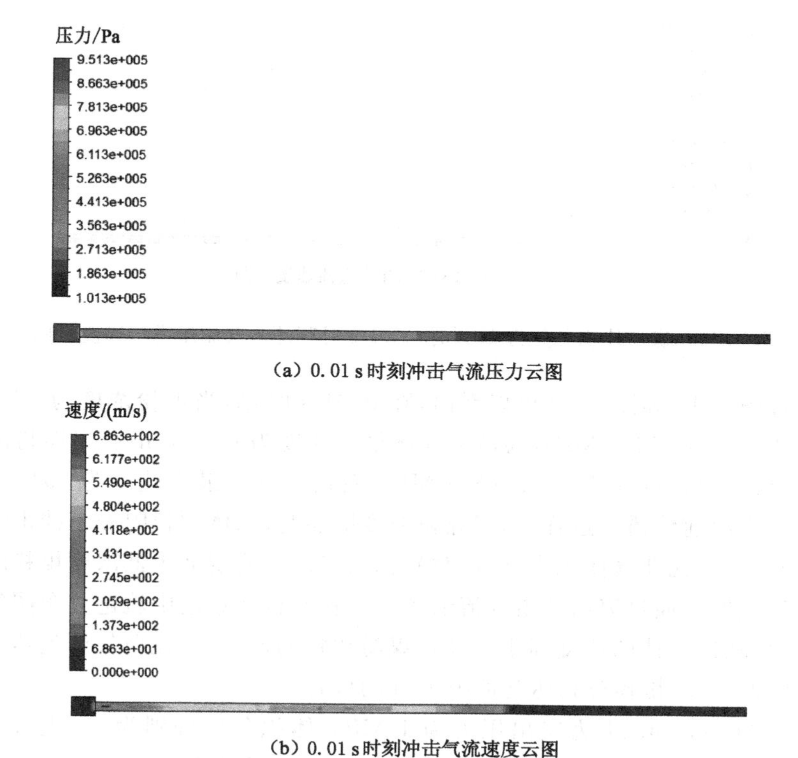

(a) 0.01 s时刻冲击气流压力云图

(b) 0.01 s时刻冲击气流速度云图

图 4.18　煤粉体积分数为 5%时，0.01 s 时刻冲击气流压力与速度云图

图 4.19 为突出压力为 1 MPa、体积分数为 10%时，冲击气流在 0.01 s 时刻的压力、速度云图。

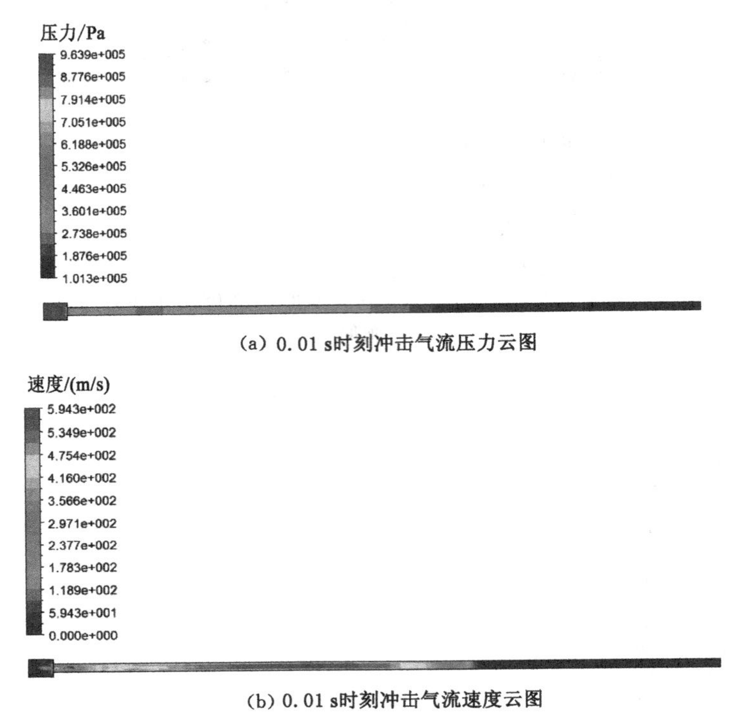

(a) 0.01 s时刻冲击气流压力云图

(b) 0.01 s时刻冲击气流速度云图

图 4.19 煤粉体积分数为 10%时，0.01 s 时刻冲击气流压力与速度云图

通过图 4.18 和图 4.19 可以看出，在 0.01 s 时刻，当煤粉浓度为 5%时候，突出腔压力为 0.951 3 MPa，巷道中气体最大速度为 686.3 m/s，当煤粉浓度为 10%的时候，突出腔压力为 0.963 9 MPa，巷道中气体最大速度为 594.3 m/s。说明在突出向前传播的过程中，当煤粉浓度增加时，固体颗粒阻滞了冲击气流的传播，因此导致瓦斯气体压力衰减较慢，瓦斯气体的速度低于低浓度煤粉时候巷道中瓦斯速度。通过突出冲击气流云图与煤粉颗粒在巷道中轨迹分布图的对比可以看出，瓦斯气体的速度高于该粒径煤粉颗粒的速度，当瓦斯气体到达巷道中 5 m 的位置时，煤粉颗粒到达巷道中 1 m 的位置。

图 4.20～图 4.21 为突出压力为 1 MPa、体积分数分别为 5%与 10%时，Fluent 中 AB(2 m)、CD(4 m)监测面压力以及速度曲线图。

通过图 4.20～图 4.21 可以看出，当巷道中冲击波到达 AB 截面时，该截面处的气体压力与速度是瞬间跃升的。当煤粉体积分数为 5%时，在 0.01 s 时刻，

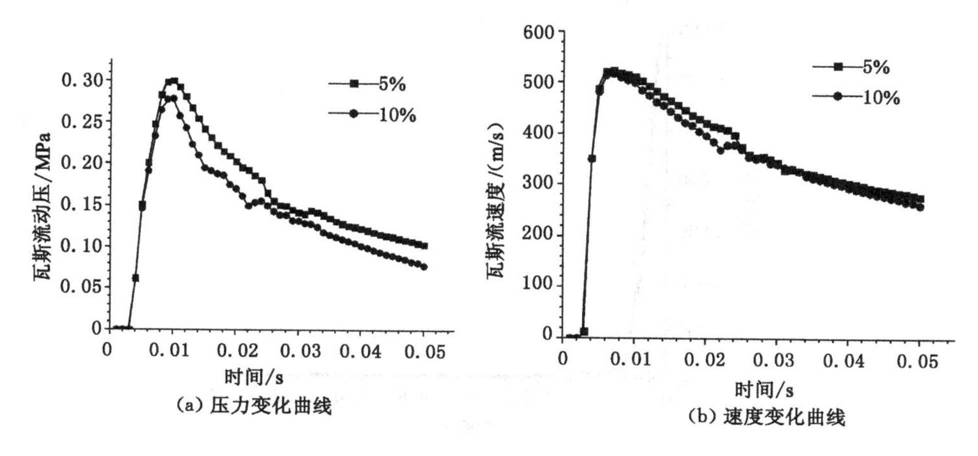

(a) 压力变化曲线 (b) 速度变化曲线

图 4.20 AB 截面压力与速度曲线

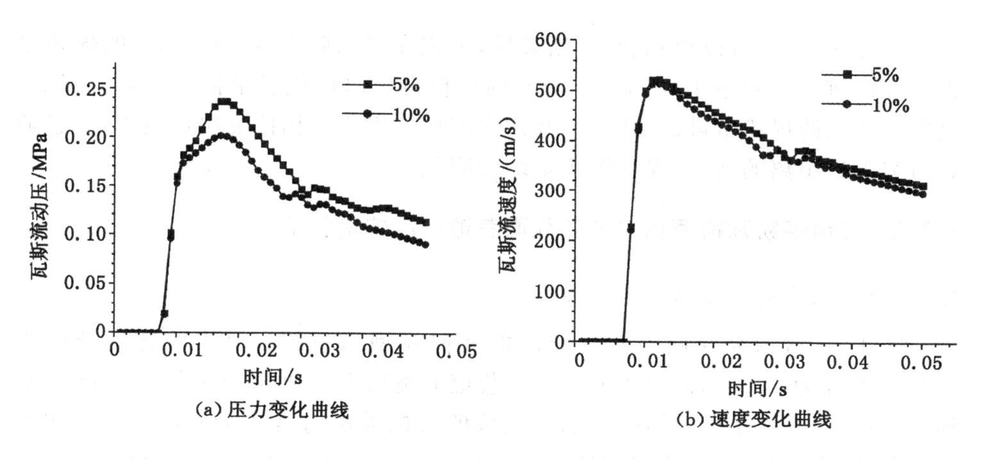

(a) 压力变化曲线 (b) 速度变化曲线

图 4.21 CD 截面压力与速度曲线

瓦斯气流的压力达到了最大值 0.3 MPa。在 0.007 s 时刻，瓦斯气流的速度达到了最大值 530 m/s 左右；煤粉体积分数为 10%时，在 0.011 s 时刻瓦斯压力达到最大值 0.28 MPa，在 0.007 s 时刻，瓦斯气流的速度达到最大值 520 m/s 左右，略低于煤粉浓度 5%时。截面 CD 处也有相同变化趋势，当煤粉体积分数为 5%时，在 0.016 s 时刻，瓦斯气流动压达到最大值 0.24 MPa；煤粉体积分数为 10%时，在 0.015 s 时刻，瓦斯气流动压达到最大值 0.2 MPa。

图 4.22 所示为在直巷道中突出结束后，突出腔以及巷道中煤粉的堆积量情况。

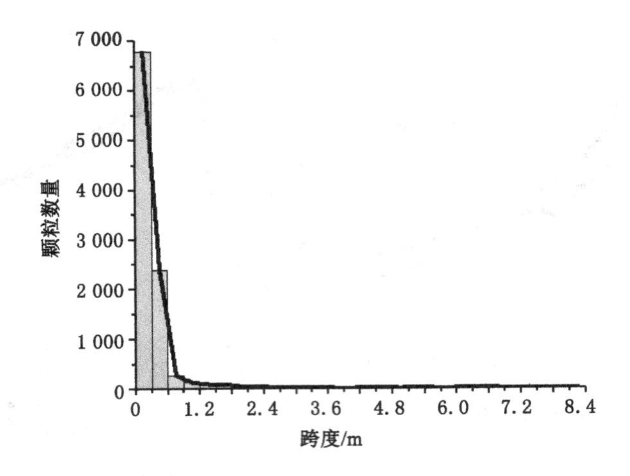

图 4.22　突出腔及巷道煤粉堆积量

通过图 4.22 可以得到：突出结束后，沉积在突出腔中(0～0.3 m)的煤粉量为 6 783，沉积在巷道中(0.3～8.4 m)的煤粉自突出口往后呈指数形趋势降低，突出口堆积的煤粉量最高，往后的巷道中堆积的煤粉量相比突出口较少，并且随着与突出口距离的增长，煤粉沉积量缓慢降低。

4.2.2　突出煤粉瓦斯两相流在变截面巷道中的传播特征

4.2.2.1　构建变截面巷物理模型

图 4.23 所示为变截面巷道突出的几何模型示意图。突出腔体的长度为 0.3 m，宽度为 0.2 m，高度为 0.2 m。巷道的宽度和高度由原来的 0.2 m 扩展到 0.3 m，其余具体尺寸如图所示。该数值模拟采用的是基于瓦斯压力的初始边界条件，突出临界时，突出腔体的突出压力为 $p_1=1$ MPa，巷道内的相对空气压力为 $p_0=0$ MPa，模拟突出的煤粉粒径设为 0.5～1.5 mm，均值为 2 mm，煤粉浓度为 5%、10%(按体积分数计量)。

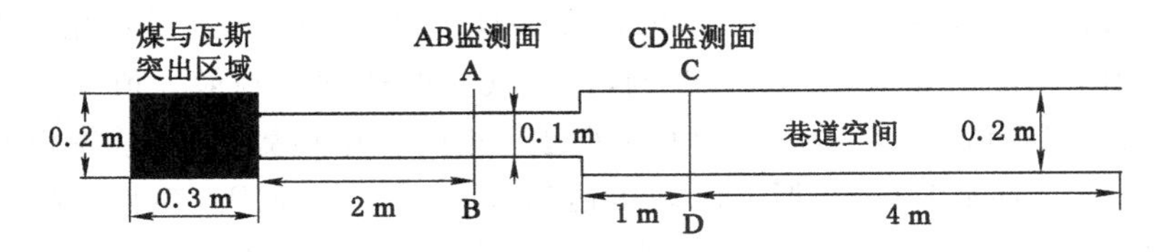

图 4.23　变截面巷道突出的几何模型

4.2.2.2 变截面巷中模拟计算结果及分析

图 4.24 所示为突出压力为 1 MPa、体积分数为 5%时，巷道中各时刻煤粉分布图。

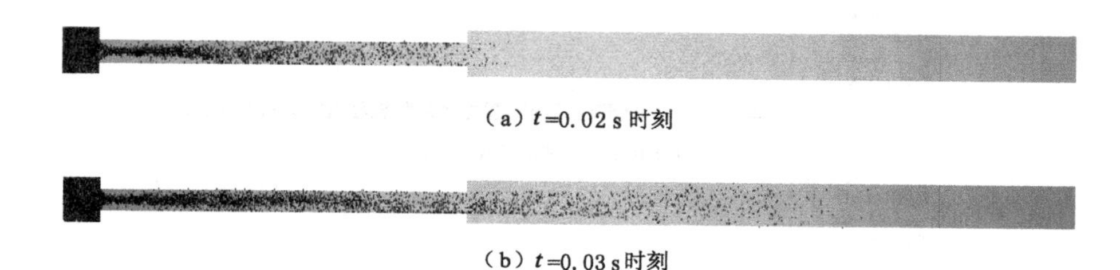

(a) t=0.02 s 时刻

(b) t=0.03 s 时刻

图 4.24 体积分数 5%时煤粉轨迹分布图

图 4.25 所示为突出压力为 1 MPa、体积分数为 10%时，巷道中各时刻煤粉分布图。

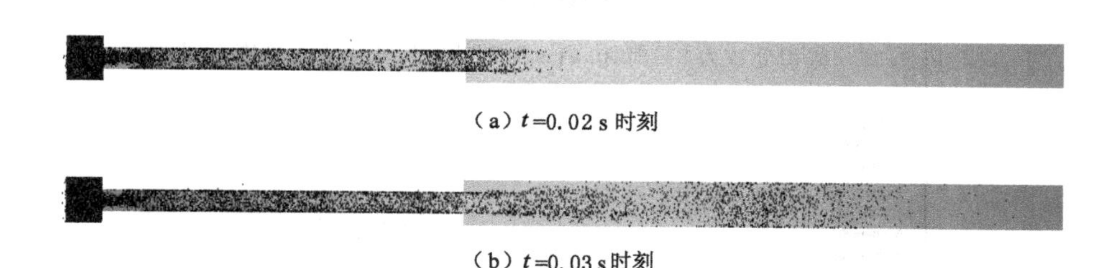

(a) t=0.02 s 时刻

(b) t=0.03 s 时刻

图 4.25 体积分数 10%时煤粉轨迹分布图

通过图 4.24(a)与图 4.25(a)可以得出，煤粉颗粒在经过突扩截面时，在高速瓦斯流的作用下还会以柱体的状态向前推动一段距离，之后便会逐渐迷漫开，充满整个巷道，而且在煤粉充满巷道之前突出的距离会随着煤粉体积分数的增大而减小。从图 4.24(b)中可以大致得出，在体积分数为 5%时，经过突扩截面 2 m 后煤粉开始充满整个巷道，从图 4.25(b)中可以看出，在体积分数为 10%时，经过突扩截面 1 m 后煤粉就开始充满整个巷道。

图 4.26 所示为突出压力为 1 MPa、体积分数为 5%时，冲击气流在 0.01 s 的压力、速度云图。

图 4.27 所示为突出压力为 1 MPa、体积分数为 10%时，冲击气流在 0.01 s 的压力、速度云图。

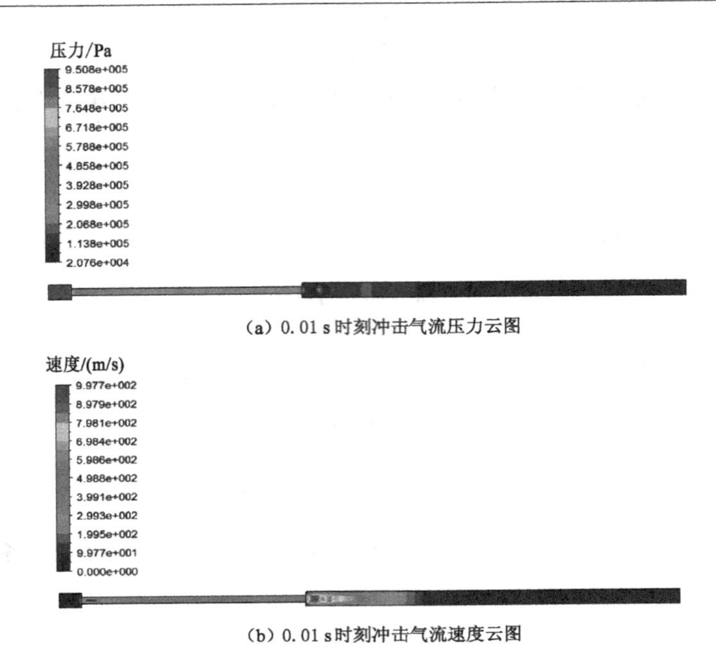

(a) 0.01 s时刻冲击气流压力云图

(b) 0.01 s时刻冲击气流速度云图

图 4.26　体积分数为 5%时，0.01 s时刻冲击气流压力与速度云图

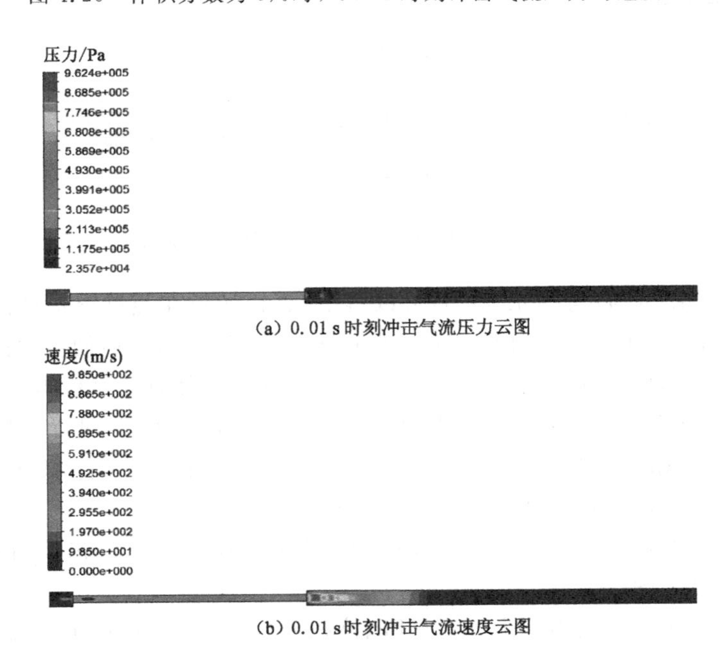

(a) 0.01 s时刻冲击气流压力云图

(b) 0.01 s时刻冲击气流速度云图

图 4.27　体积分数为 10%时，0.01 s时刻冲击气流压力与速度云图

通过图 4.26 和图 4.27 可以看出，在突出后，经过突扩面时，由于空间的突然增大，径向压力梯度瞬间增大，突扩面处压力会低于大气压，之后会形成一个次高压源，因此在此处冲击气流速度有个突然增大的过程，之后慢慢降低。在气体经过突扩面的瞬间，由于局部压力会突然低于大气压力，因此远方的空气也会受到扰动，气体压力低于初始时刻的大气压力。

与直巷道该时刻云图相比可以得到，突扩截面情况下突出腔体内卸压速度更快。突扩截面情况下，在 0.01 s 时刻突出腔体内的压力在不同体积分数条件下分别为 0.950 8 MPa 和 0.962 4 MPa，巷道中气体局部最高速度分别为 997 m/s 和 985 m/s；而在直巷道中，在 0.01 s 时刻突出腔体内的压力在不同体积分数条件下分别为 0.951 3 MPa 和 0.963 9 MPa，巷道中气体局部最高速度分别为 686.3 m/s 和 594.3 m/s。

图 4.28 和图 4.29 分别为突出压力为 1 MPa、体积分数为 5% 和 10% 时，AB、CD 截面处压力与速度的变化情况。

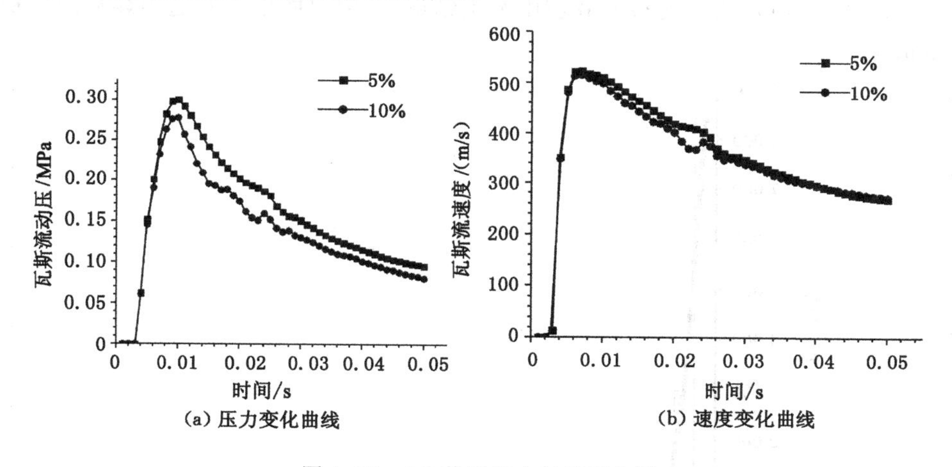

图 4.28　AB 截面压力与速度曲线

通过图 4.28～图 4.29 可以得到，增大煤粉的体积分数，会降低冲击气流的峰值压力以及峰值速度。通过与直巷道中 CD 截面处压力、速度对比可以得到，在巷道发生突扩后，由于空间瞬间变大，导致气流在到达该处时的时间会略微延长，压力与速度峰值也会发生较大变化，同等突出条件下突扩面巷道可以降低巷道气体流速。在直巷道中，气体到达 CD 截面的时间为 0.007 5 s 左右，在变截面巷道中，气体到达 CD 截面的时间为 0.008 5 s 左右，压力峰值由在直巷中的 0.24 MPa、0.2 MPa 变为 0.043 MPa、0.041 MPa，速度峰值也由原来的 500 m/s 以上变为现在的 300 m/s。

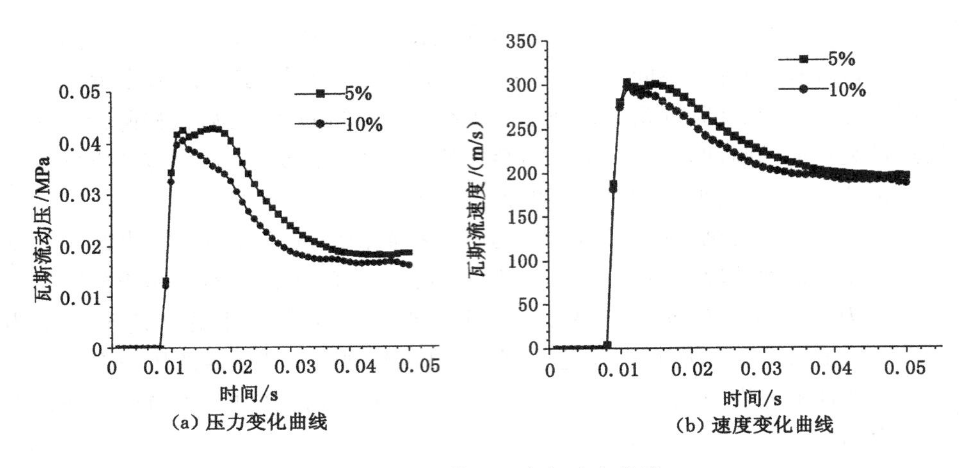

图 4.29 CD截面压力与速度曲线

图 4.30 所示为在变截面巷道中突出结束后，突出腔以及巷道中煤粉的堆积量情况。

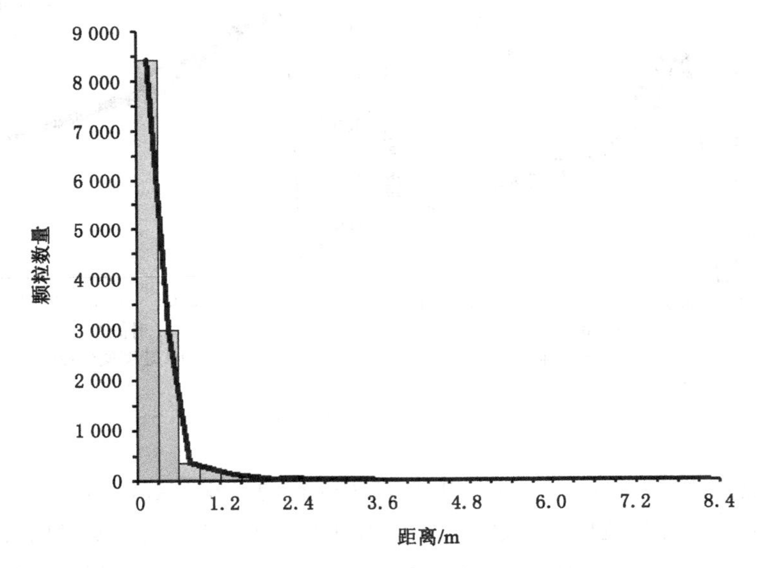

图 4.30 突出腔及巷道煤粉堆积量

通过图 4.30 煤粉在突出腔以及巷道中的堆积量可以得到，突出结束后，在突出腔(0～0.3 m)中还沉积的煤粉数量为 8 430，比直巷道中突出腔中沉积的煤粉量要多，即相同条件下，突出的煤粉量较直巷道中的要少。巷道中突出口往后沉积的煤粉量也较直巷道中沉积的煤粉量要多。

4.2.3 突出煤粉瓦斯两相流在T形分叉巷道中的传播特征

4.2.3.1 构建T形巷物理模型

图 4.31 为T形分叉巷道突出的几何模型示意图。突出腔体的长度为 0.3 m，宽度为 0.2 m，高度为 0.2 m。支巷道的宽度与高度与主巷道相同，支巷道的位置等具体尺寸如图 4.31 所示。在该模型中选取 AB、CD、EF 三个监测面来监测相应位置的冲击两相流的压力、速度随时间变化情况。该数值模拟采用基于瓦斯压力的初始边界条件，在突出临界状态时，突出腔体内的突出压力为 $p_1=1$ MPa，巷道内的相对空气压力为 $p_0=0$ MPa，模拟突出的煤粉粒径设为 0.5～1.5 mm，均值为 2 mm，煤粉浓度为 5%、10%(按体积分数计量)。

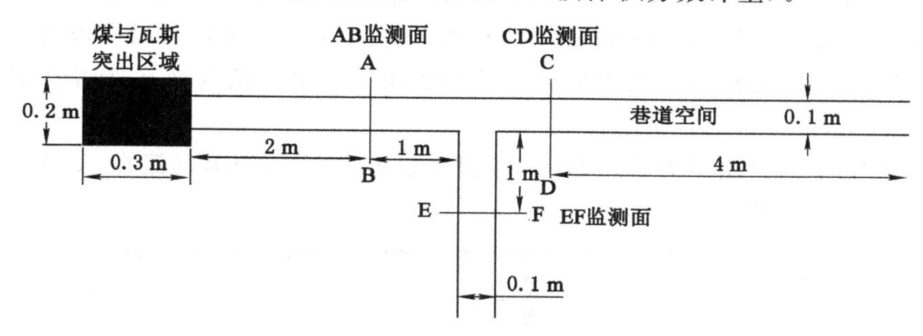

图 4.31 T形分叉巷道突出的几何模型

4.2.3.2 T形巷道中模拟计算结果及分析

图 4.32 为突出压力为 1 MPa、体积分数为 5%时，巷道中各时刻煤粉轨迹分布图。

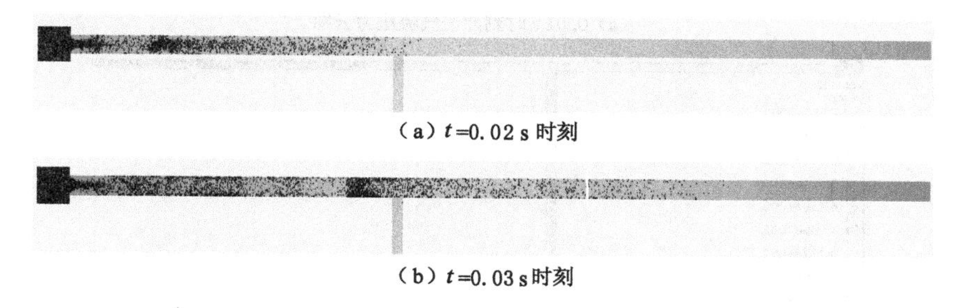

(a) t=0.02 s 时刻

(b) t=0.03 s 时刻

图 4.32 体积分数 5%时煤粉轨迹分布图

图 4.33 为突出压力为 1 MPa、体积分数为 10%时，巷道中各时刻煤粉轨迹分布图。

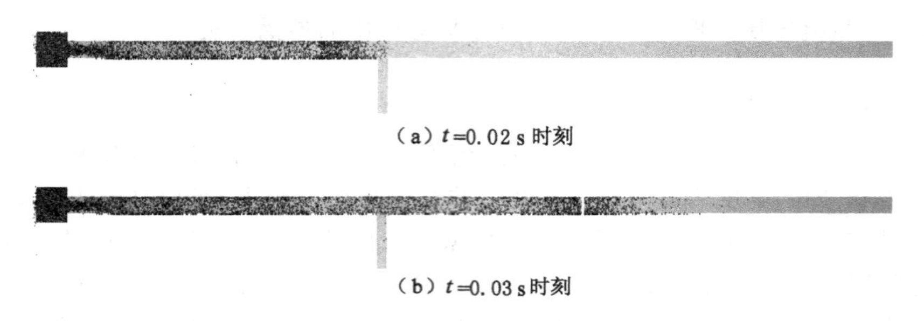

（a）t=0.02 s 时刻

（b）t=0.03 s 时刻

图 4.33　体积分数 10%时煤粉轨迹分布图

通过图 4.32～图 4.33 可以得到，在 1 MPa 的突出压力、煤粉粒径设为 0.5～1.5 mm、均值为 2 mm 的条件下，煤粉经过 T 形分叉口时只有极为少量的煤粉进入分叉巷道中，其余大量的煤粉仍然在主巷道中被高速瓦斯流携带着向前传播。

图 4.34 为突出压力为 1 MPa、体积分数为 5%时，冲击气流在 0.01 s 时刻的压力、速度云图。

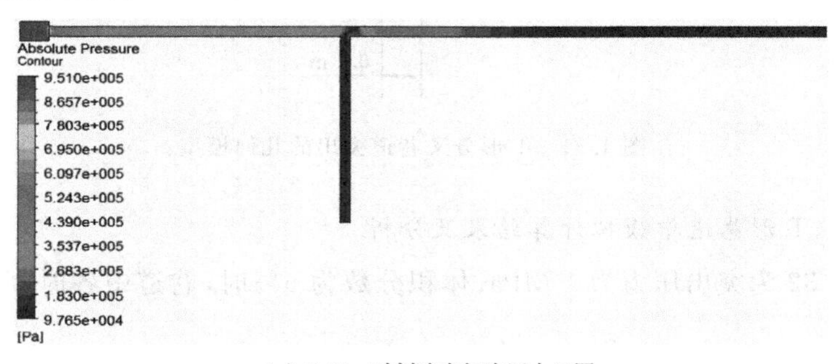

(a) 0.01 s 时刻冲击气流压力云图

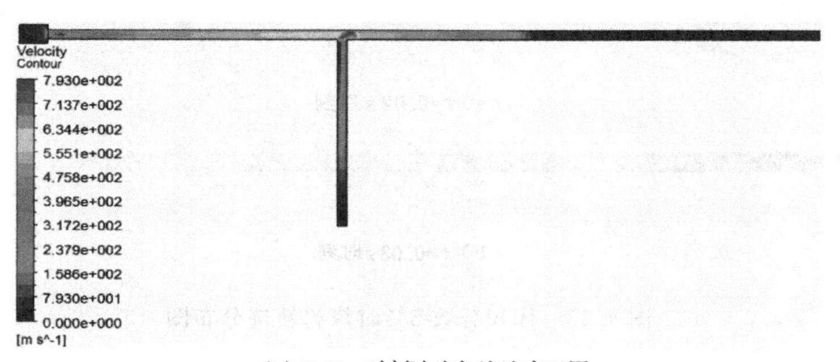

(b) 0.01 s 时刻冲击气流速度云图

图 4.34　体积分数为 5%时，0.01 s 时刻冲击气流压力与速度云图

图 4.35 为突出压力为 1 MPa、体积分数为 10%时，冲击气流在 0.01 s 时刻的压力、速度云图。

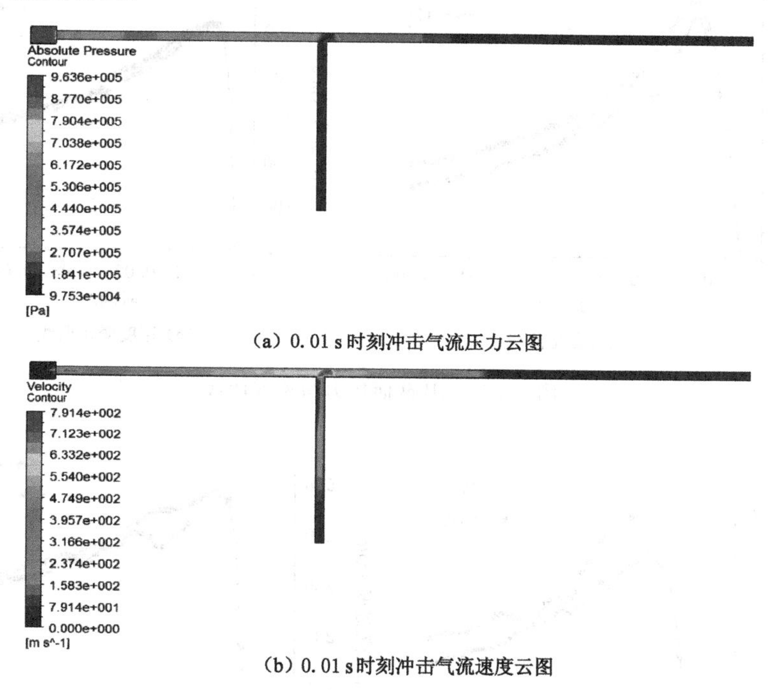

(a) 0.01 s 时刻冲击气流压力云图

(b) 0.01 s 时刻冲击气流速度云图

图 4.35 体积分数为 10%时，0.01 s 时刻冲击气流压力与速度云图

通过图 4.34～图 4.35 可以得到，在冲击气流到达分叉口时，会产生较大压力梯度，从而产生局部高速运动的瓦斯流，这个局部高速瓦斯流是整个巷道中流速最大的位置，在煤粉体积分数为 5%时，速度最高可以达到 793 m/s，在煤粉体积分数为 10%时，速度最高可以达到 791.4 m/s。

通过与直巷道中 0.01 s 时刻冲击气流压力与速度云图对比可以得到，在巷道中遇到 T 形分叉巷道时，也会增加突出腔的压力衰减速度，在 T 形分叉巷道突出腔中的瞬时压力分别为 0.951 0 MPa 和 0.963 6 MPa，相比直巷道中均有所降低；该规律在速度上也有所体现，T 形巷道中最大速度分别为 793 m/s 和 791.4 m/s，而在直巷道中最大速度分别为 686.3 m/s 和 594.3 m/s。另外，由于 T 形分叉的存在，在巷道各个出口附近相比直巷道会存在低压扰动，在出口附近的压力低于大气压力。

图 4.36～图 4.38 为突出压力为 1 MPa、体积分数为 5%和 10%时，AB、CD、EF 截面处压力与速度的变化情况。

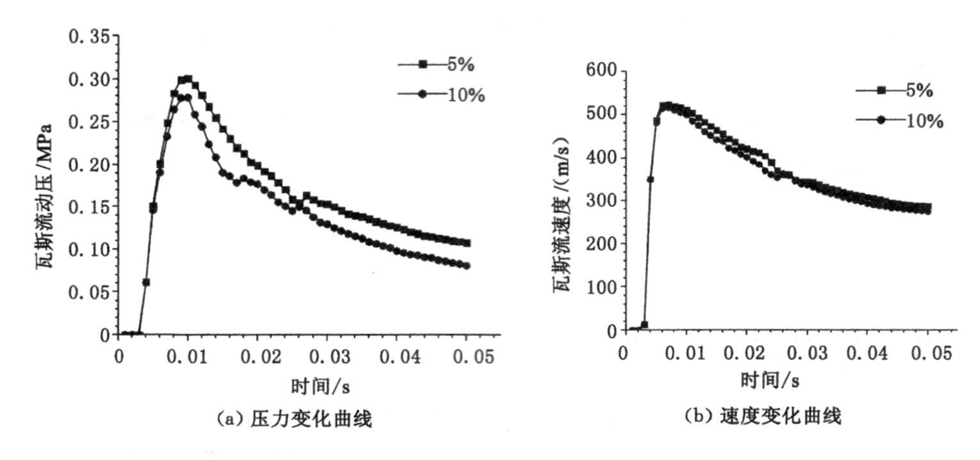

图 4.36　AB 截面压力与速度曲线

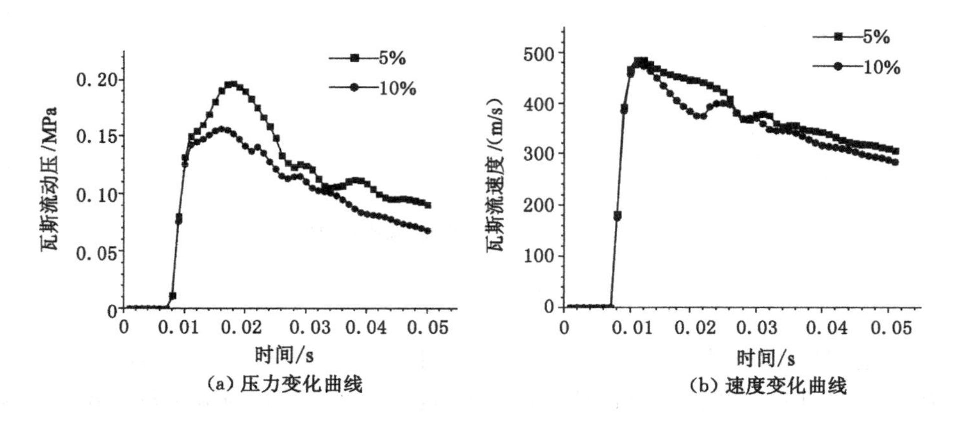

图 4.37　CD 截面压力与速度曲线

从图 4.36～图 4.38 可以看出，增大煤粉体积分数，冲击波的峰值压力与峰值速度均有所降低。AB 监测面压力与速度变化比直巷道变化微弱。从 CD、EF 监测面的压力与速度曲线图与直巷道中 CD 监测面中的压力与速度曲线图的对比中可以看出，冲击气流在经过分叉巷道时产生了分流，但是大部分的冲击气流是在主巷道中向前传播的，只有小部分气流会冲进分叉巷道中。从 CD、EF 监测面的压力与速度曲线图对比中可以看出，在相同的煤粉体积分数条件下，主巷道中的冲击气流峰值压力比在分叉巷道中的峰值要高得多，并且主巷道中在 0.017 s 时刻达到压力峰值，在 0.01 s 时刻达到速度峰值，而在分叉巷道等距离处压力与速度均在 0.025 s 左右达到峰值，比主巷道中需要较长时间达到峰值。

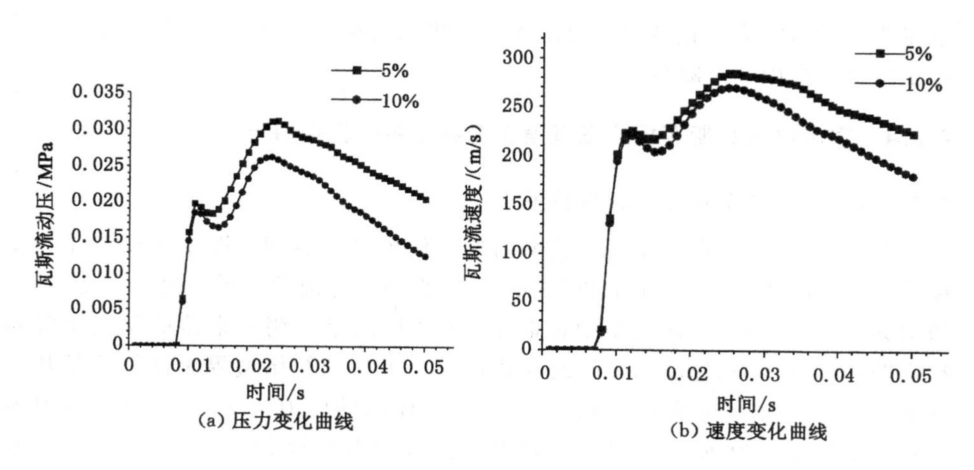

图 4.38 EF 截面压力与速度曲线

据此可以得出结论:分叉巷道对冲击气流会起到分流与卸压的作用,冲击气流压力与速度在主巷道中有一定衰减,但冲击气流强度仍然较大,并且煤粉体积分数越低,压力峰值越大。

图 4.39 所示为在 T 形巷道中突出结束后,突出腔以及巷道中煤粉的堆积量情况。

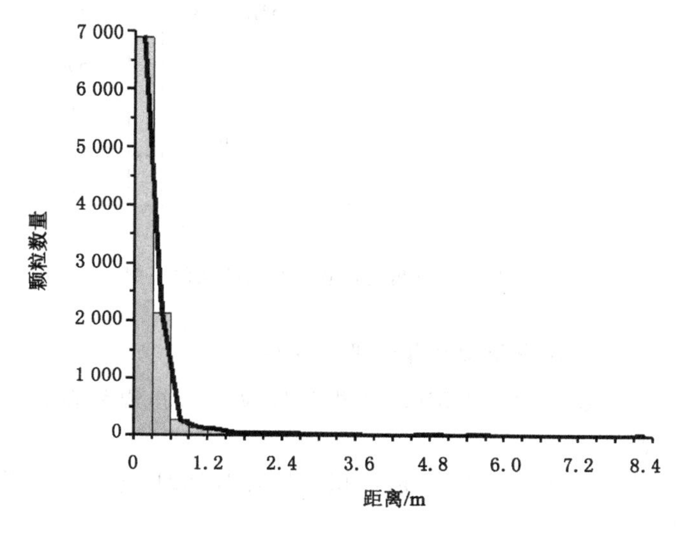

图 4.39 突出腔及巷道煤粉堆积量

通过图 4.39 可以得到,T 形巷道中突出结束后,突出腔中沉积的煤粉颗粒数量为 6 894，略高于直巷道中突出腔中沉积的煤粉量，即相同条件下，突出的煤粉量较直巷道中的要略少。

4.2.4 突出煤粉瓦斯两相流在直角拐弯巷道中的传播特征

4.2.4.1 构建直角拐弯巷物理模型

图 4.40 所示为直角拐弯巷道突出的几何模型示意图。图中突出腔体的长度为 0.3 m，宽度为 0.2 m，高度为 0.2 m。直角拐弯前后巷道的尺寸不变，具体数值如图 4.40 所示。该模型中选取了 AB、CD 两个监测面来监测相应位置的冲击两相流的压力、速度随时间的变化情况。模拟的初始边界条件仍然是基于瓦斯压力，并且在突出的临界状态时，突出腔体内的压力为 $p_1=1$ MPa，巷道中的相对空气压力为 $p_0=0$ MPa，模拟突出的煤粉粒径设为 0.5～1.5 mm，均值为 2 mm，煤粉浓度分别为 5%、10%（按煤粉体积分数计量）。

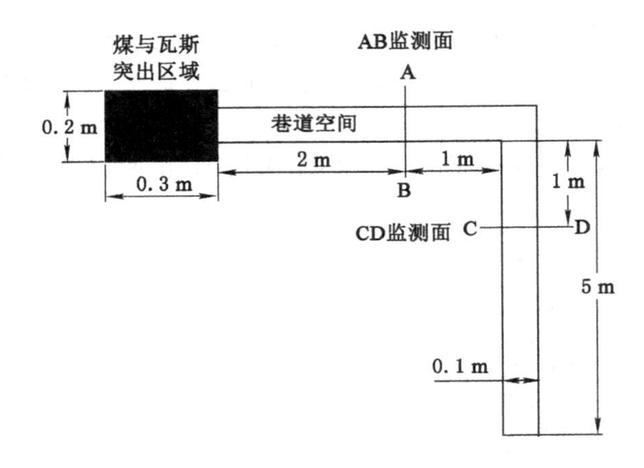

图 4.40 直角拐弯巷道突出的几何模型

4.2.4.2 直角拐弯巷中模拟计算结果及分析

图 4.41 为突出压力为 1 MPa、体积分数为 5%时，煤粉在巷道中各瞬时时刻的分布情况。

图 4.42 为突出压力为 1 MPa、体积分数为 10%时，煤粉在巷道中各瞬时时刻的分布情况。

通过图 4.41～图 4.42 可以得到，煤粉在巷道中遇到直角拐弯时，首先会进行反弹并沉降堆积，后来的煤粉在前煤以及瓦斯气压的作用下向拐角巷中传播，在拐角处会有较大量的煤粉沉积下来。

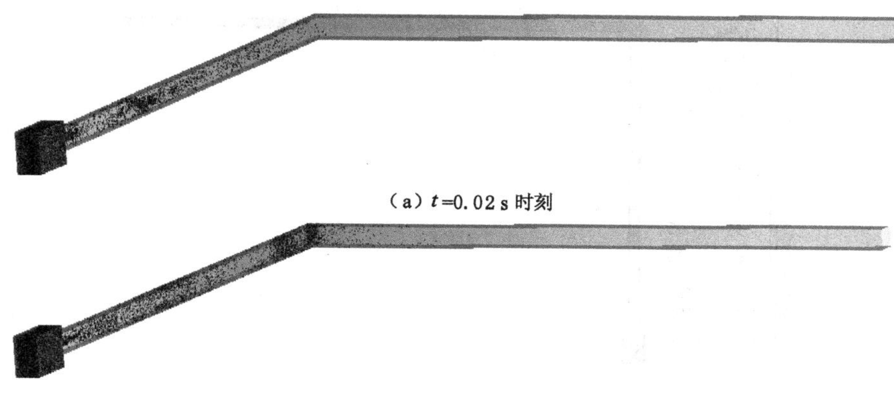

（a）t=0.02 s 时刻

（b）t=0.03 s 时刻

图 4.41　体积分数 5％时煤粉轨迹分布图

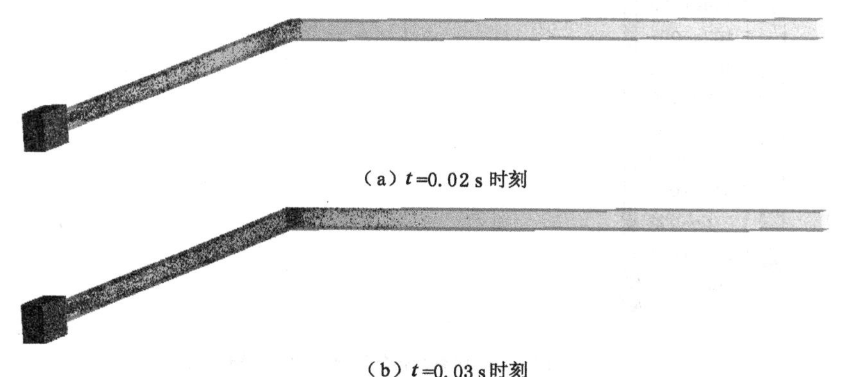

（a）t=0.02 s 时刻

（b）t=0.03 s 时刻

图 4.42　体积分数 10％时煤粉轨迹分布图

图 4.43 为突出压力为 1 MPa、体积分数为 5％时，冲击气流在 0.01 s 时刻的压力、速度云图。

图 4.44 为突出压力为 1 MPa、体积分数为 10％时，冲击气流在 0.01 s 时刻的压力、速度云图。

通过图 4.43～图 4.44 可以得到，冲击两相流在到达拐弯处时，冲击两相流与巷道进行碰撞反弹，反弹气流与突出气流相碰撞使得拐角处压力上升，同时速度迅速降低。同时在对比不同体积分数突出的压力与速度云图时可以得到，在增大煤粉体积分数后，煤粉降低了突出腔体内的压力衰减速度，在 0.01 s 时刻，煤粉体积分数为 5％和 10％时突出腔体内的压力分别为 0.951 4 MPa 和 0.968 5 MPa，巷道中速度峰值分别为 637.7 m/s 和 578.9 m/s。

(a) 0.01 s时刻冲击气流压力俯视云图

(b) 0.01 s时刻冲击气流速度俯视云图

图 4.43 体积分数为 5%时,0.01 s时刻冲击气流压力与速度云图

在与直巷道中该时刻冲击气流压力与速度云图的对比中可以得到,因为拐角的存在,同样阻碍了突出腔内的压力衰减速度。在煤粉体积分数为 5%时,在直巷道中突出腔体内峰值压力为 0.951 3 MPa,巷道中气流速度峰值为 686.3 m/s;而在拐角巷道中突出腔内压力峰值较之增加,速度峰值较之降低。煤粉体积分数为 10%的时候,规律与此相同。

图 4.45～图 4.46 为突出压力为 1 MPa、体积分数为 5%和 10%时,AB、CD 截面处压力与速度的变化情况。

从图 4.45～图 4.46 中可以看出,增大煤粉体积分数,冲击波的峰值压力与峰值速度均有所降低。从 AB 监测面可以看出,在冲击气流到达拐角后会碰撞反弹回来,导致在 0.02 s时刻左右瓦斯气流的压力与速度均发生骤降。

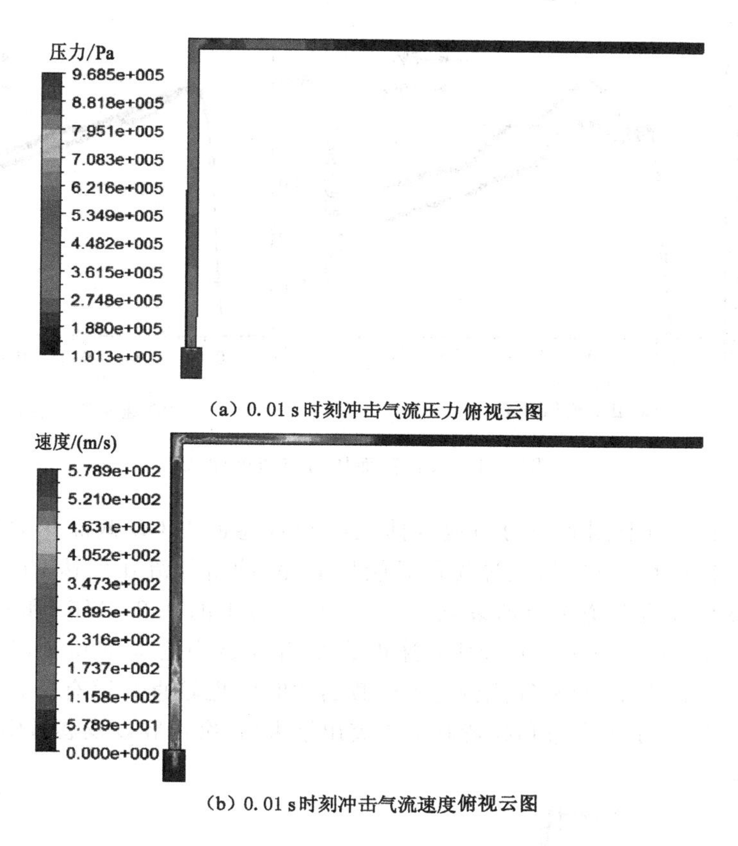

(a) 0.01 s时刻冲击气流压力俯视云图

(b) 0.01 s时刻冲击气流速度俯视云图

图 4.44　体积分数为 10%，0.01 s 时刻冲击气流压力与速度云图

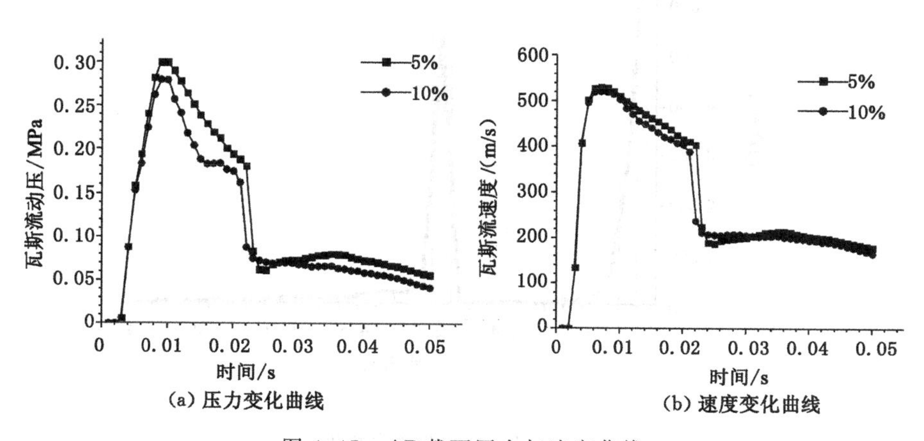

(a) 压力变化曲线

(b) 速度变化曲线

图 4.45　AB 截面压力与速度曲线

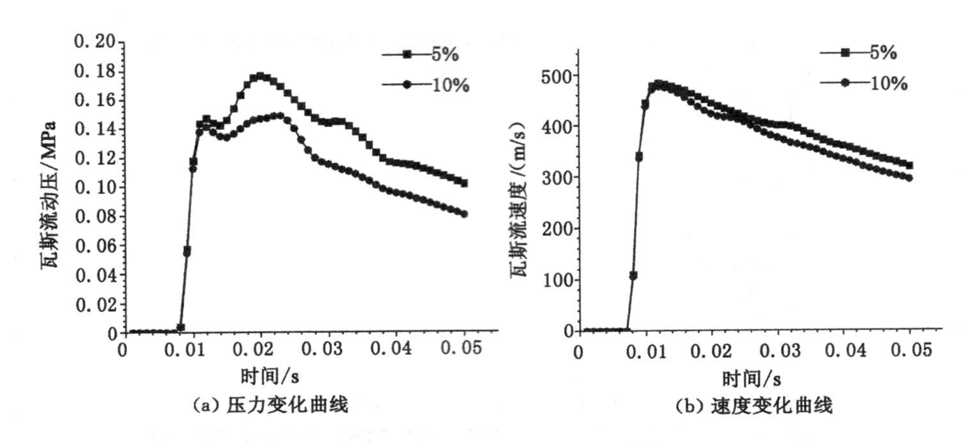

图 4.46　CD 截面压力与速度曲线

从拐角巷道 CD 监测面压力与速度曲线图与直巷道中 CD 截面压力与速度曲线图的对比中可以得到,经过拐角后能量消耗,冲击气流在到达 CD 截面时压力与速度均较直巷道中有所衰减,压力由直巷道中的 0.24 MPa 和 0.20 MPa 衰减至 0.18 MPa 和 0.148 MPa,速度也由直巷道中的 500 m/s 以上衰减至 500 m/s 以下,同时冲击气流到达 CD 截面的时间也较直巷道有所延迟。

图 4.47 所示为在直角拐弯巷道中突出结束后,突出腔以及巷道中煤粉的堆积量情况。

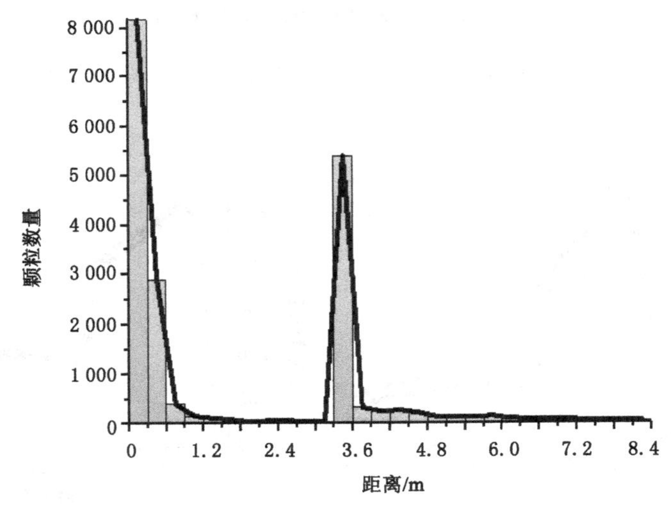

图 4.47　突出腔及巷道煤粉堆积量

通过图 4.47 可以得到，在直角拐弯巷道中突出结束后，在突出腔中（0～0.3 m）沉积的煤粉数量为 8 169，比直巷道中突出腔中的沉积量要多，即相同条件下突出的煤粉量较直巷中少。另外，在拐弯处会沉积大量煤粉，沉积量高于突出口处沉积的煤粉量。

4.3 Fluent-Edem 耦合数值模拟与 Fluent 独立数值模拟对比分析

实际矿井中以及实验中煤粉颗粒属性非常复杂，巷道中的条件千差万别，相比之下仿真模拟则比较简化。二者数据对比必然有一定差距，本节内容通过对 Fluent-Edem 耦合数值模拟与 Fluent 独立数值模拟进行对比分析，对耦合数值模拟的可行性进行确认。

采用直巷道中 Fluent 独立数值模拟与 Fluent-Edem 耦合数值模拟结果进行对比，模拟直巷道尺寸与第 4 章相同，突出煤粉瓦斯压力为 0.75 MPa，模拟煤粉体积分数为 5%与 10%，同样在距离突出口 2 m 与 4 m 位置处分别设立一个监测面，监测该面上压力、速度的变化情况。

图 4.48 为在直巷道中，突出煤粉瓦斯压力为 0.75 MPa、煤粉体积分数为 5%、Fluent-Edem 耦合模拟与 Fluent 独立模拟时，AB、CD 监测面处冲击气流相对全压力、速度的监测曲线。

图 4.49 为在直巷道中，突出煤粉瓦斯压力为 0.75 MPa、煤粉体积分数为 10%、Fluent-Edem 耦合模拟与 Fluent 独立模拟时，AB、CD 监测面处冲击气流相对全压力、速度的监测曲线。

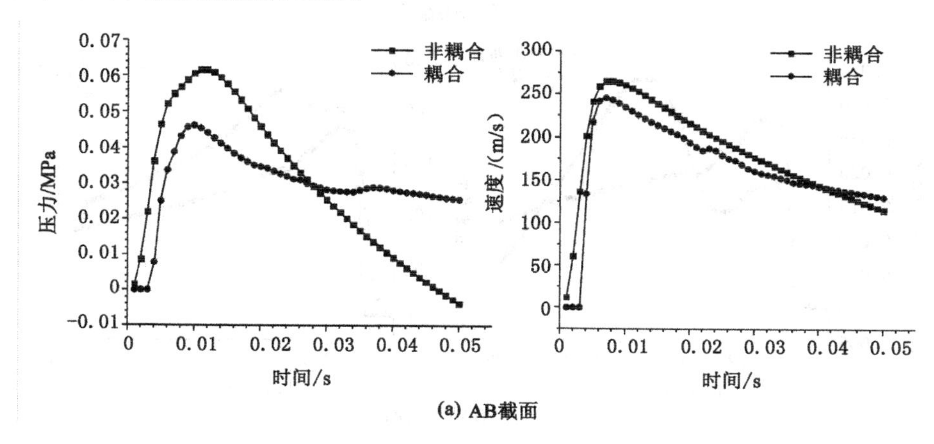

(a) AB截面

图 4.48　体积分数为 5%时，各截面压力、速度曲线

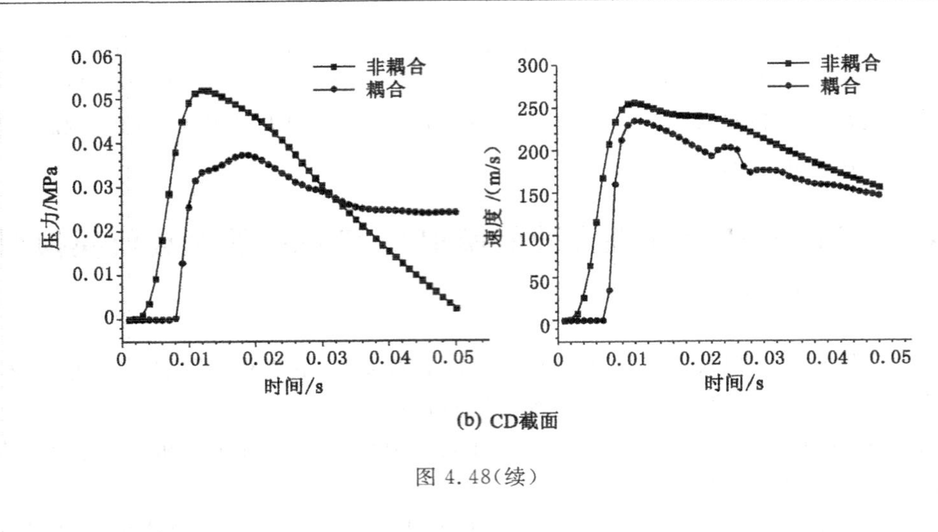

(b) CD截面

图 4.48(续)

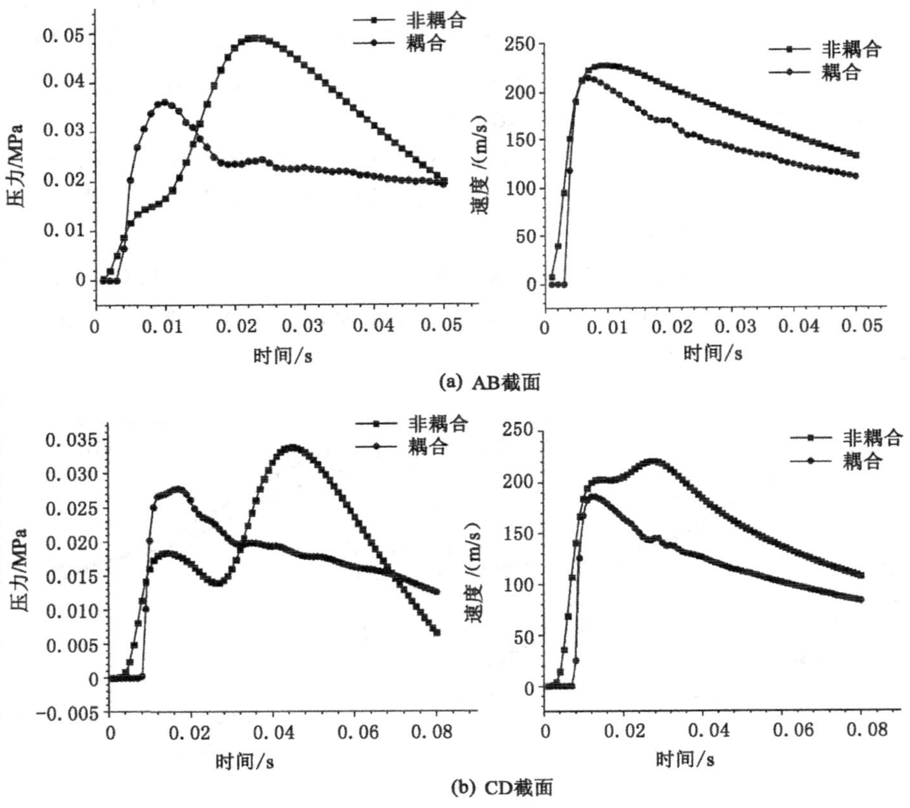

(b) CD截面

图 4.49 体积分数为10%时,各截面压力、速度曲线

对图 4.48 和图 4.49 进行横纵对比分析可以得到：

① 通过图 4.48(a)可以得出：冲击两相流到达该截面时，压力以及速度都是一个突变升高，然后逐渐衰弱的过程。其中，耦合模拟与 Fluent 独立模拟的对比可以得出：耦合模拟的定点检测值在到达峰值之前都是低于独立模拟的，在由峰值衰弱的过程中独立模拟衰弱较快，这是由于耦合模拟时，更好地体现出煤粉颗粒在后来运动中对瓦斯气体的推动作用。图 4.48(b)中 CD 截面的压力速度曲线有同样的特征。

② 通过将图 4.49 中压力速度曲线图与图 4.48 中对应的压力速度曲线图进行比较发现：当增大突出煤粉体积分数，突出压力不变时，耦合模拟与 Fluent 独立模拟在各个监测面的峰值压力与峰值速度值均有所降低，说明突出过程中煤粉会吸收一大部分突出瓦斯能量，转化为自身动能，从而降低瓦斯流的能量。

③ 通过耦合模拟结果与 Fluent 独立模拟结果以及实验的比较发现，Fluent 独立模拟时，各个监测面冲击气流压力与速度明显高于相同条件下耦合模拟以及实验时的结果，说明 Fluent-Edem 耦合模拟更能体现出煤粉对瓦斯气流的阻碍作用以及后期的推动作用，与实际情况更为贴切。

4.4 本章小结

本章通过理论分析、数值模拟以及实验对比的方式，利用 Fluent-Edem 耦合模拟了在考虑煤粉颗粒作用时的冲击气流在井巷周边巷道的传播，对突出煤粉瓦斯两相流动的规律做了较为清晰的阐述，过程中得到的主要结论如下：

(1) 理论分析了突出煤粉瓦斯两相流的相互作用基础，列出了两相流动中的相关参数，这些参数的变化都会对两相流动状态产生影响。对突出过程中煤粉的受力进行了分析，煤粉间的相互碰撞形成的碰撞阻力同样会对颗粒以及瓦斯的流动产生影响。分析了煤粉瓦斯两相流动过程中形态的转化：从最初的均匀流动演变到最终的集团流动。并对气固两相间的耦合作用进行了总结，指明了本书中两相耦合基于颗粒曳力模型的处理方法。

(2) 建立 Fluent-Edem 耦合模型对突出实际进行模拟。在 Edem 中实现了对煤粉颗粒与颗粒间以及颗粒与几何体之间碰撞的模拟：考虑了包括颗粒的大小、形状以及颗粒的密度、质量、碰撞方式、恢复系数、泊松比等的影响。填补了之前应用 Fluent 将固相煤粉颗粒假设成拟流体的不足。在 Fluent 中对流场的相关参数进行了设定，同时对耦合模块进行了设置。在模拟煤与瓦斯突出中，利用该种方法可以使气体和煤粉二者都能够采用分别适合自身的数值模拟方法进行模拟仿真，并且通过耦合模拟可以充分地考虑到气体和煤粉间的相互作用。

（3）通过 Fluent 与 Edem 耦合模拟计算了不同巷道类型、不同煤粉体积分数等情况下，突出煤粉瓦斯两相流的运移特征。数值模拟结果表明：① 突出的高压瓦斯与煤粉两相流在巷道中形成了各物理参数突变的冲击气流，气流在经过监测截面时，截面数据发生跃升；② 冲击两相流在到达突扩面时，由于纵向压力梯度变大，在突扩口处的气流速度会突变升高；在到巷道分叉口时，与巷道壁面发生弹性碰撞，产生分流，速度方向发生变化，并且由于与壁面发生碰撞反射，瓦斯气流的速度有所增高；冲击气流通过巷道直角拐弯时，会发生反向弹射，使得局部气流速度瞬间降低，压力升高；③ 通过与直巷道的对比可以发现，突扩巷道、支巷道的存在会对冲击气流的压力衰减速度有一定的促进作用，会促进突出腔压力的衰减，拐弯巷道则会减缓冲击气流压力的衰减；④ 在通过分叉巷道时，特别 T 形分叉时，两相流主要是在主巷中传播，少量会释放到支巷道中。

（4）煤粉颗粒的存在阻滞了冲击气流的快速涌出，过程中会吸收大量的突出能量，并且煤粉体积分数越大，经过各监测面的突出冲击波的压力峰值越低；突出后煤粉在巷道中沉积下来，突出口处沉积的煤粉量最多，随着与突出口距离的增加，巷道中堆积的煤粉量呈指数形式减少，在距离突出口较远处，堆积的煤粉量较均匀，堆积量减少，速度较缓。

（5）通过将 Fluent-Edem 耦合数值模拟、Fluent 独立数值模拟以及突出实验进行对比分析，发现耦合模拟更能突出固相煤粉对突出的影响作用，更能表现出煤粉颗粒间的相互作用，与实验结果相似度较高，该耦合模拟具备较高的可靠性。

5 基于 Fluent-Flowmaster 耦合对突出冲击波传播过程模拟

为了进一步研究对突出冲击波在井下风网的传播规律，本章利用 Fluent-Flowmaster 耦合模拟了突出源周边井巷和离突出源较远分支冲击气流传播特征，实现了冲击气流在全风网中传播特征数值模拟：基于 Fluent 固气两相流模型，对直巷道结构的衰减规律进行了分析；研究比较了不同巷道结构下冲击波衰减规律，建立了冲击波传播一维方程，并运用 Flowmaster 软件进行解算；通过运用耦合方法，模拟了直巷道突出情况下超压冲击波的衰减规律；选取实际突出案例，利用简化的通风网络模型，采用 MPCCI 耦合方法检验了其工程运用的实际意义。

5.1 突出源较远分支巷一维管网建立

本节应用流体力学理论与数值模拟方法，拟将突出冲击波在突出源较远分支的传播进行一维简化，并在第 2 章冲击超压随巷道结构衰减研究的基础上，确定特殊巷道结构变化带来的超压急剧衰减在 Flowmaster 元件取得等效压损的方法，运用 Flowmaster 软件建立起突出源较远分支巷的一维流动管网模型。

5.1.1 软件介绍

FlowmasterV7 是一款典型的 CFD 商业软件，其发展源于同名的一家英国公司，在计算方法上采用隐性有限差分计算，经过 20 多年的发展，该软件已在热力-水利系统和气动管道模拟仿真领域处于领先地位，其适用于各种流体系统仿真，包括航空燃油系统、车辆空调热管理系统、船舶管道系统、卫星制冷系统等，目前 Flowmaster 的运用遍及汽车制造、航空航天、燃气轮机、市政管网、油气输送等行业领域。

作为一维模型，Flowmaster 允许工程师们以 CFD 技术为基础模拟分析流体力学和复杂系统中的管道流问题，对于可压缩流和不可压缩流都可模拟，对于定义管网组件和节点的流体参数，如温度、压力、体积和质量流等在稳态和瞬态计算中都可以实现。

Flowmaster 通过提供图形化的虚拟环境来定义、修正和测试整个流体流动系统，通过涵盖丰富元器件的数据库来建立数值模型，每个元器件通过数理模型控制其运行方式和运行参数来与实际模型相匹配，如阀门的打开、风机的运行特性和表面粗糙度的定义等，不同组件间通过节点连接，节点可定义温度、节点高度等参数。

5.1.2 Flowmaster 一维模型理论分析

在 Flowmaster 中，组件采用节点连接形成实际的一维流动网络模型，每一个选中的组件代表一个流动系统部件的数学模型，数据表、参数曲线、曲面被用于定义组件的操作和性能，模拟一旦运行，组件和节点的压力、温度、流量等参数都可以直接获得。

5.1.2.1 组件守恒方程

根据伯努利方程：

$$\frac{v^2}{2g}+z+\frac{p}{\rho g}=C \tag{5-1}$$

式中，v 是流线速度，m/s；g 是重力加速度，m^2/s；z 是位高，m；p 是静压，Pa；ρ 是密度，kg/m^3；C 是常数。

Flowmaster 遵循伯努利方程，对于所有的组件满足以下方程：

压-流方程：

$$p_1-p_2=\xi\frac{\rho}{2}\mu^2 \tag{5-2}$$

式中，p_1，p_2分别是组件的入口和出口压力，Pa；ξ 是组件沿流动方向的阻力系数；ρ 是流体密度，kg/m^3；μ 是流体速度，m/s。

质量方程：

$$Q=A_1\mu_1=A_2\mu_2 \tag{5-3}$$

式中，μ_1，μ_2 分别是流体出入口的速度，m/s；A_1，A_2是流体出入口面积，m^2。

压力方程：

$$\Delta p=\left(p_1+\frac{\rho v_1^2}{2}\right)-\left(p_2+\frac{\rho v_2^2}{2}\right)+\rho g(z_1-z_2) \tag{5-4}$$

式中，下标 1,2 分别代表组件的入口和出口；p 是静压，Pa；$\rho v^2/2$ 是动压，Pa；z 是所在位置的势高，m。

5.1.2.2 一维管网解算

在 Flowmaster 中，整个管网模型的解算有赖于矩阵方程组，图 5.1 为一个简单的一维管网模型，其由三个两臂原件连接于同一节点组成，管网系统对应的线性方程被用于构建矩阵的求解，通常情况下，其所对应的线性方程并不是关于质量流的显性函数，因而采用迭代算法求解矩阵方程。

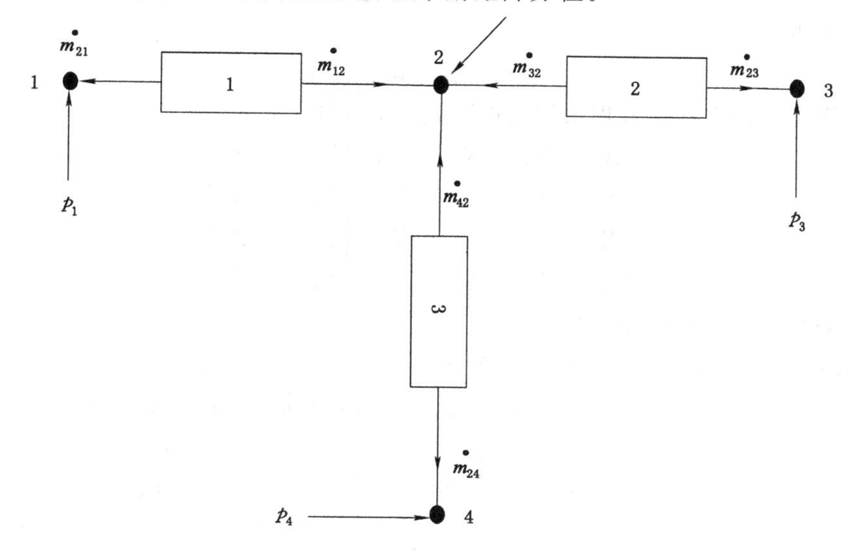

图 5.1　Flowmaster 简单网络示意图

图 5.1 对应的质量流线性方程如下：

组件 1：

$$\begin{aligned}\dot{m}_{12} &= a_{11}^{1} p_1 + a_{12}^{1} p_2 + a_{13}^{1} \\ \dot{m}_{21} &= a_{21}^{1} p_1 + a_{22}^{1} p_2 + a_{23}^{1}\end{aligned} \tag{5-5}$$

组件 2：

$$\begin{aligned}\dot{m}_{32} &= a_{11}^{2} p_3 + a_{12}^{2} p_2 + a_{13}^{2} \\ \dot{m}_{23} &= a_{21}^{2} p_3 + a_{22}^{2} p_2 + a_{23}^{2}\end{aligned} \tag{5-6}$$

组件 3：

$$\begin{aligned}\dot{m}_{42} &= a_{11}^{3} p_4 + a_{12}^{3} p_2 + a_{13}^{3} \\ \dot{m}_{24} &= a_{21}^{3} p_4 + a_{22}^{3} p_2 + a_{23}^{3}\end{aligned} \tag{5-7}$$

式中，下标(i,j)代指矩阵方程中所对应的线性系数所在行列的位置，依据每个组件的流动方程，相应节点的质量守恒方程如下：

节点 1：

$$\dot{m}_{21} = a_{21}^{1} p_1 + a_{22}^{1} p_2 + a_{23}^{1} \tag{5-8}$$

节点 2：

$$\dot{m}_{12} + \dot{m}_{32} + \dot{m}_{42} = a_{11}^{1} p_1 + (a_{12}^{1} + a_{12}^{2} + a_{12}^{3}) p_2 + a_{11}^{2} p_3 + a_{11}^{3} p_4 + a_{13}^{1} + a_{13}^{2} + a_{13}^{3} \tag{5-9}$$

节点 3：

$$\dot{m}_{23}=a_{22}^{2}p_{2}+a_{21}^{2}p_{3}+a_{23}^{2} \tag{5-10}$$

节点 4：

$$\dot{m}_{24}=a_{23}^{3}p_{2}+a_{21}^{3}p_{4}+a_{23}^{3} \tag{5-11}$$

则上述四个线性方程求解的矩阵表达形式如下：

$$\begin{bmatrix} X_{11} & X_{12} & X_{13} & X_{14} \\ X_{21} & X_{22} & X_{23} & X_{24} \\ X_{31} & X_{32} & X_{33} & X_{34} \\ X_{41} & X_{42} & X_{43} & X_{44} \end{bmatrix} \begin{bmatrix} Y_1 \\ Y_2 \\ Y_3 \\ Y_4 \end{bmatrix} = \begin{bmatrix} Z_1 \\ Z_2 \\ Z_3 \\ Z_4 \end{bmatrix} \tag{5-12}$$

对应节点的质量流表达如下：

$$\begin{bmatrix} a_{21}^{1} & a_{22}^{1} & 0 & 0 \\ a_{11}^{1} & a_{12}^{1}+a_{12}^{2}+a_{12}^{3} & a_{11}^{2} & a_{11}^{3} \\ 0 & a_{22}^{2} & a_{21}^{2} & 0 \\ 0 & a_{22}^{3} & 0 & a_{21}^{3} \end{bmatrix} \begin{bmatrix} p_1 \\ p_2 \\ p_3 \\ p_4 \end{bmatrix} = \begin{bmatrix} \dot{m}_{12}-a_{23}^{1} \\ \dot{m}_{12}+\dot{m}_{32}+\dot{m}_{42}-a_{13}^{1}-a_{13}^{2}-a_{13}^{3} \\ \dot{m}_{23}-a_{23}^{2} \\ \dot{m}_{24}-a_{23}^{3} \end{bmatrix} \tag{5-13}$$

这就是 Flowmaster 解决质量流的矩阵形式，显然对于庞大复杂的管网系统，手动书写矩阵公式是不现实的，以上过程展示了组件线性系数如何推导用于系统的求解。组件方程系数取决于组件参数，从而以压力函数的形式计算进出组件的流动，通过在节点采用连续性将流动从方程消除，这样就留下了大量可被同时求解的方程，将算得压力结果代回组件方程重新计算新的流量估值，组件压力在组件连接节点施压，这种迭代过程一直持续直到达到收敛。

5.1.3 突出冲击波较远分支巷传播过程一维简化

5.1.3.1 一维建模组件及压损处理

在突出冲击气流传播数值一维简化的基础上，Flowmaster 作为一款流体通用软件，提供了相应的一维通风管网组件用于构建通风网络模型，从而能模拟突出冲击气流在一维管道的传播过程。其主要依赖于其丰富的网络建模组件，具体各类元件见图 5.2。

(1) 源元件

源元件为用户提供了能自定义的流量、压力、热量等边界条件或初始条件，在矿井通风模型中最常用的为压力源、流量源和流量截止三类原件，具体如下。

压力源元件：压力源元件通常通过定义常压，连接于节点。当其他的质量流率被代回相应组件的能量方程解算时，从压力源到节点的质量流率取决于节点的连续性，在突出冲击气流模型中，压力源元件可以用于定义突出源原始压力以

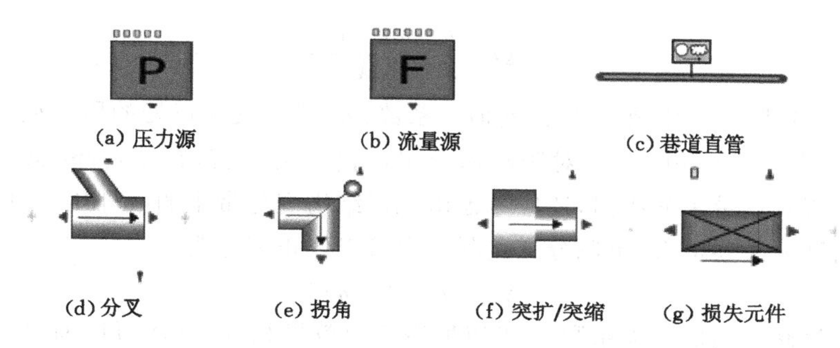

图 5.2　Flowmaster 中各类建模元件

及表征与井巷相连的大气压环境，并可以通过赋予初始值用于边界参数的迭代交换。

流量源元件：流量源元件通常用来定义流量源或流量交换边界条件，通常指定流量率流向或流出组件，其通过下述流动方程指定流经节点的质量流，具体方程如下：

$$\dot{m}=\rho Q \tag{5-14}$$

式中，$\dot{m}$ 是入口处的质量流率，kg/s。节点压力可通过与其连接分支对应能量方程中的压力源项计算，在本次突出冲击波的模拟过程中，其采用瞬态模拟，流量边界随时间变化。

（2）巷道几何元件

直巷：管道元件种类较多，大体可分为可压缩流与不可压缩流、弹性管道和刚性管道、矩形管和圆形管几种分类方式。在本次突出冲击气流的模拟中宜采用可压缩流元件，气体圆管较符合井下通风系统的模拟，管道元件几何参数可以根据前面模拟巷道条件自行定义，在多维模拟过程中，突出冲击气流在巷道的衰减，其超压值下降幅度是一个重要指标，一维管道元件通过定义摩擦损失系数，确定相应压损，其具体方程如下：

$$p_2-p_1=\frac{fL}{d}\frac{\dot{m}_1\left|\dot{m}_1\right|}{2A^2\rho} \tag{5-15}$$

式中，p_1，p_2 分别为管道两端进出口全压，MPa；f 是达西磨损因子；L 是管道长度，m；d 是管道直径，m；$\dot{m}_1$ 是入口处的质量流率，kg/s。

分叉巷：Flowmaster 提供了丰富的元件库对应实际几何模型的构建，分叉元件可通过定义不同的分叉角度对分叉巷的各种情形进行建模。当突出冲击波传过 T 形分支时衰减还不明显，当结构为较小角度下分叉巷时，通过前面模拟发现，其衰减较为剧烈，在 Flowmaster 中，对于低速流动分支压损计算方程如下：

$$\Delta p=\frac{C_{\mathrm{Re}}k\dot{m}_{\mathrm{c}}|\dot{m}_{\mathrm{c}}|}{2\rho A_{\mathrm{c}}} \tag{5-16}$$

式中，C_{Rc}是修正雷诺数；k 是分支损失系数；$\dot{m}_{\mathrm{c}}$ 是分支入口处的质量流率，kg/s；A_{c} 为分支流动面积，m^2。对于高速突出冲击气流而言，在 Flowmaster 中除考虑其分流效应带来的压损，还应考虑由几何结构变化带来的额外压损，所以对于较小角度分叉巷情形，单侧分支实际压损可以修正表达为：

$$\Delta p=p_{\mathrm{t1}}(1-\eta)/\eta \tag{5-17}$$

通过修正前面损失系数 k，可以取得等效效果相等，具体可以通过入口压力 p_{t1} 和前面模拟所得经验衰减系数 η 确定 k，其中 p_{t1} 与突出周边巷超压属于同一数量级，可采用近似处理。

拐角巷：与井下巷道几何结构相对应，拐角元件提供了矩形拐角、圆形拐角等多类元件，具体拐角度数可以根据实际几何模型自行定义。在具体建模过程中，一维网络结构通常表征长尺度模型，对于局部弯头采取忽略，而在气体冲击波传播过程中，通过前面模拟发现，巷道几何结构的改变对冲击气流传播影响较大，在拐角处影响尤为剧烈，因而突出冲击波传播的一维建模过程必须考虑拐角的影响，根据前面所得衰减系数 η，采用相应 C_{d} 压力损失元件进行代替。

C_{d} 压力损失元件以定义压损的方式取得了等效的效果。在 Flowmaster 中，其具体控制方程如下：

$$\Delta p=\frac{8Lf}{\rho^2\pi d^5}\left(\frac{C_{\mathrm{d}}A_{\mathrm{t}}p_{\mathrm{t1}}\Psi\sqrt{\dfrac{2}{R_{\mathrm{s}}T_{\mathrm{t1}}Z_1}}}{m_{\mathrm{t1}}}\right)^2 \tag{5-18}$$

式中，m_{t1}，p_{t1}，T_{t1} 分别是离散压力损失元件上游的质量流率、全压以及温度；f 为前面提到的达西磨损因子；Ψ 为流动函数；Z_1 为上游流动的可压缩系数；R_{s}是气体常数。另根据压损 $\Delta p=p_{\mathrm{t1}}(1-\eta)/\eta$（$\eta$ 为模拟所得经验衰减系数）可知，对于给定的 η，可以通过设置离散损失系数 C_{d} 达到同等衰减效果。

变截面巷：在过渡元件中，突扩和突缩管可用于替代巷道断面的变化，本书以巷道断面增大的突扩情形为例，根据伯努利方程，冲击气流涌入突扩断面，气流速度衰减，原断面冲击超压会瞬间增大，此时动能转变为体积应变能，反过来，增大了超压值。根据前面 Fluent 模拟的经验衰减系数 η 可知，该结构对冲击超压衰减影响不大。

5.1.3.2 突出源较远分支一维简化案例

针对前面突出模型的 Flowmaster 一维简化理论以及其丰富的建模组件，本书拟采用一个简单的突出矿井风网，运用 Flowmaster 模拟冲击气流在其中的运移以及冲击压力的衰减规律，采用等效突出源，鉴于前面 Fluent 二维模拟冲击波超压值，形成压力衰减数据源，给定突出源变化压力 p_1（相对大气压而言），通风管道简化为直径为 2 m 的圆管，管道为刚性管，冲击气流经过 10 m 长管道，由 T 形巷结构进入并行的分支网络结构，先后经过不同拐角，最后汇合通向出口，出口处为标准大气压 $p_2=0.1$ MPa，具体巷道管网结构示意图如图 5.3 所示。

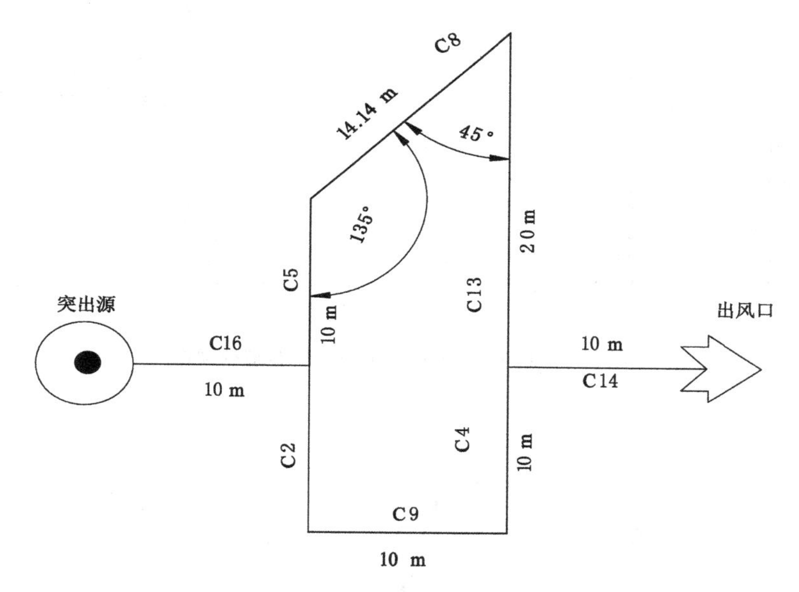

图 5.3　突出巷俯视图

图 5.4 所示为突出巷道管网在 Flowmaster 中的建模情况，分别采用压力原件 p_1 和 p_{15} 代替突出超压源和出风口相连的外界大气压环境，对于四个拐角，根据 Fluent 中的模拟结果，依据不同巷道类型突出衰减因子可知，$\eta_{\theta=45^\circ}=2.3$，$\eta_{\theta=90^\circ}=1.7$，$\eta_{\theta=135^\circ}=1.11$，巷道拐角结构对于冲击超压衰减具有较大影响，利用 Flowmaster 软件的压损处理方式，采用 C_d 压力损失原件进行代替，并根据式(5-18)取得等效压损；对于巷道 T 形结构，本身影响并不大，采用自带 T 形分支管处理流动变化以及压损即可。

基于前面不同突出强度以及巷道结构下冲击超压随时间以及巷道长度的衰减规律分析，可以形成突出冲击波超压数据包，在 Flowmaster 中对于突出压力源导入相应的超压衰减特性曲线，即可实现等效代替，实现突出冲击波的一维瞬态衰减模拟，需要注意的是，Fluent 中采用的相对操作压力为 0.1 MPa，得到压力值是相对大气压而言的，而在 Flowmaster 中，采用的是绝对压力标准，因而两款软件压力值处理相差 0.1 MPa，具体超压源特性曲线设置如图 5.5 所示。

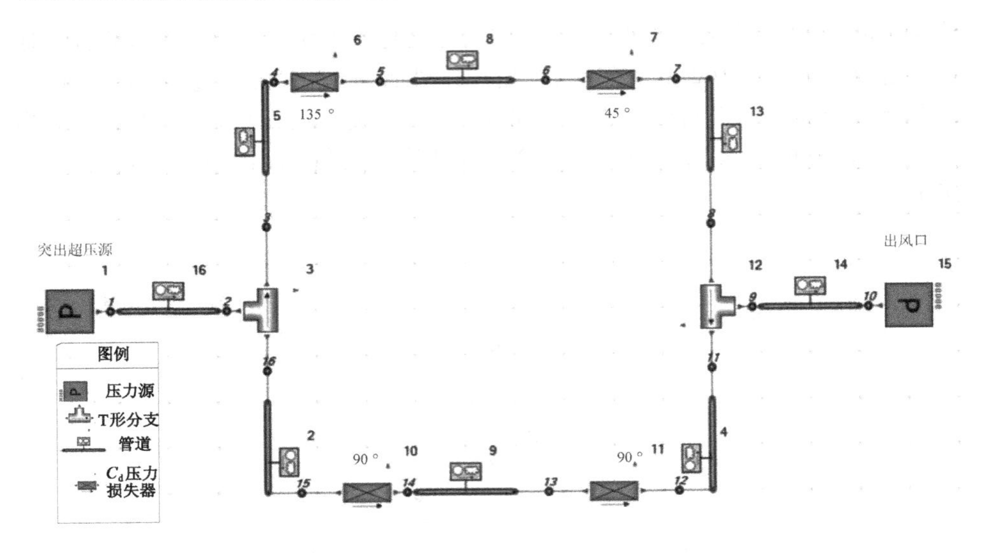

图 5.4　基于 Flowmaster 的突出巷道俯视图

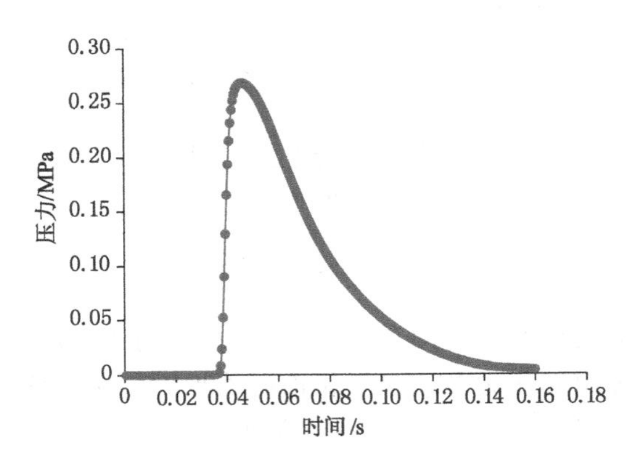

图 5.5　冲击气流超压 p_1 随时间的变化曲线

具体模拟结果见图 5.6。

图 5.6(a)～(h)显示了冲击压力通过管道 C2、C5、C8、C9、C4、C13、C14 和 C16 随管道长度和时间的变化规律，不难发现压力值随时间变化较大，随管道长度只有轻微的衰减，这与前面 Fluent 中的模拟结论是相一致的，不同的管道在等长度条件下，其超压衰减也不同，具体来看，多数管道在 10 m 长范围内其压力衰减幅度都在 0.02 MPa 范围以内，相对于串并联分布而言，管道所处位置对超压衰减至关重要，如管道 C16 紧靠突出压力源，其衰减幅度非常明显，压力峰值较大，而对于管道 C14 位于出口位置，紧邻大气压，其压力峰值并不明显，同样是离突出源较远的

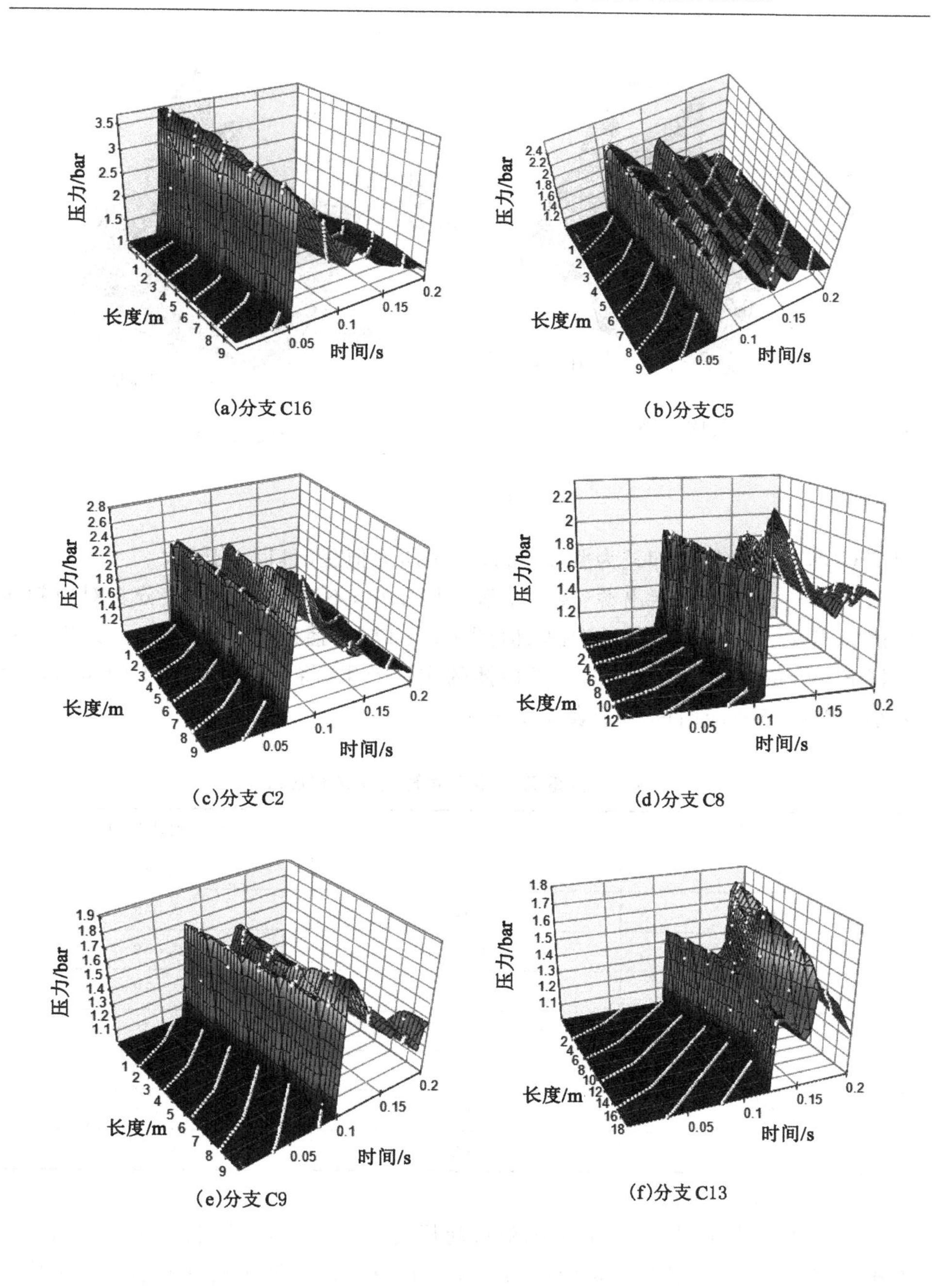

图 5.6 不同管道处冲击压力随时间,管道长度的变化曲面

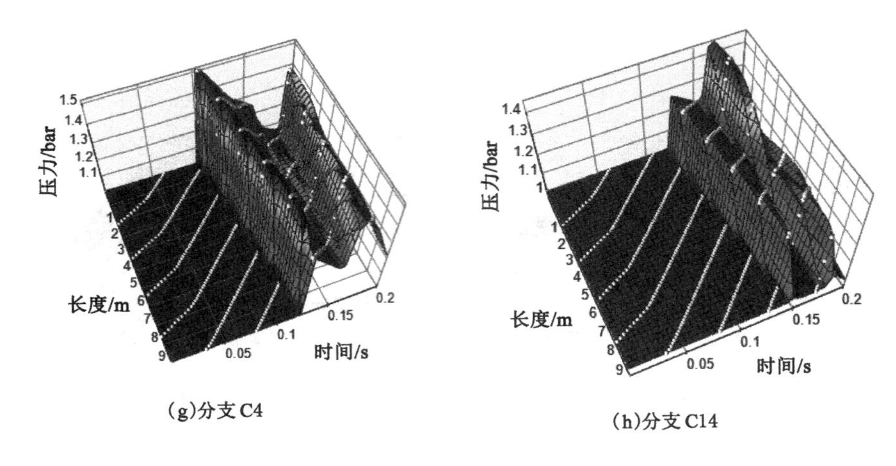

(g)分支 C4

(h)分支 C14

图 5.6(续)

管道 C13,其压力峰值却较为明显,可以得出压力值受出口影响较大。

对应一定强度的突出源,离突出源不同距离,不同阻力的管道分支对应超压峰值应当在一定合理范围,超压峰值到来时间与传播距离密切相关。为进一步分析 Flowmaster 模拟冲击波一维传播的实际效果,将不同管道分支的超压峰值大小以及峰值对应时间列于表 5.1 中。

表 5.1 并联管网中不同管道冲击超压峰值

管道组件号	超压峰值 p/MPa	峰值到达时间/s
C16	0.271	0.043
C5	0.121	0.059
C2	0.120	0.059
C8	0.110	0.079
C9	0.070	0.078
C13	0.046	0.113
C4	0.045	0.103
C14	0.026	0.127

通过表 5.1 可以得知,突出源附近超压为 0.27 MPa,冲击波经 T 形结构进入单个管道分支 C5、C8 后超压值为 0.1 MPa 左右,当冲击超压传播至 C4 分支位置时,超压峰值衰减为 0.045 MPa,相较于前面 Fluent 的冲击波衰减模拟,超压峰值数值范围合理;整个传播过程在 0.13 s 左右完成,压力峰值到来时间的

滞后性层次明显;Flowmaster 对冲击波较远分支传播的一维模拟结果可靠。

为验证压力损失器在巷道结构压损等效处理上的实际效果,现将不同拐角处压力衰减系数 η 列入表 5.2 中。

表 5.2 Flowmaster 管网中 C_d 压力损失器衰减效果验证

管网拐角	Fluent 衰减系数 η(第 2 章)	Flowmaster C_d 衰减系数 η
$\theta=45°$	2.3	$\eta=\frac{p_8}{p_{13}}=2.37$
$\theta=135°$	1.11	$\eta=\frac{p_5}{p_8}=1.10$
$\theta=90°$	1.71	$\eta=\frac{p_2}{p_9}=1.72$
$\theta=90°$	1.71	$\eta=\frac{p_9}{p_4}=1.56$

通过表 5.2 可以得知,在 Flowmaster 中通过调节压力损失器 C_d 的参数,根据前面 Fluent 所得衰减系数 η 反向计算压损,采用压力损失原件代替拐角结构带来的衰减效果是一致的,其方法在一定误差范围内具有较大可行性,这就很好地解决了高速冲击气流超压由于结构衰减在 Flowmaster 一维模型中无法体现的问题。

5.2 突出冲击波传播多维度耦合平台的构建

本节基于第 5.1 小节突出源周边突出冲击波传播规律分析以及第 5.2 小节突出源较远分支巷一维管网的建立,拟通过多物理场耦合工具 MPCCI 建立起突出冲击波传播多维度耦合平台,从而实现对突出冲击波在井下风网的完整传播过程进行数值分析。

5.2.1 MPCCI

5.2.1.1 MPCCI 软件介绍

MPCCI 是一款用于解决多物理场耦合问题的专业接口软件,通常在流固耦合问题中运用较多,目前,MPCCI 已经更新到了 4.4 版本,对于工业常用的 CFD 软件,如 Fluent、Flowmaster、CFX、Abaqus、ANSYS、STAR-CD、OpenFoam 等都提供了接口,其应用遍及航天、汽车、船舶、核电等领域。它不但能保证各自软件的独立运行,还可通过插值传递和时间异步求解,这一点可以使得瞬态问题的求解速度大大加快,而突出冲击气流的传播正是一个瞬态求解问题。此外 MPCCI 具有良好的网格自适应能力,这也为多维 CFD 耦合问题求解提供了良好接口,使得 Fluent 与 Flowmaster 的耦合得以实现。

5.2.1.2 MPCCI 多维度耦合原理

MPCCI 多维度耦合是基于其较强的网格自适应能力，使得一维软件和三维软件间能够在此基础上实现数据传递，其具体示意图如图 5.7 所示。

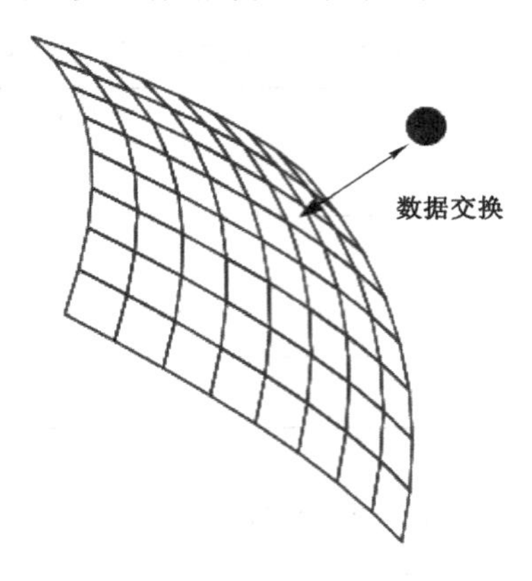

图 5.7 一维集成点与面网格的耦合原理

本书所论述多维度耦合问题是指 Fluent 与 Flowmaster 之间的耦合，以最常见一维和三维耦合间压力与质量流两个参数为例，其具体算法如图 5.8 所示。

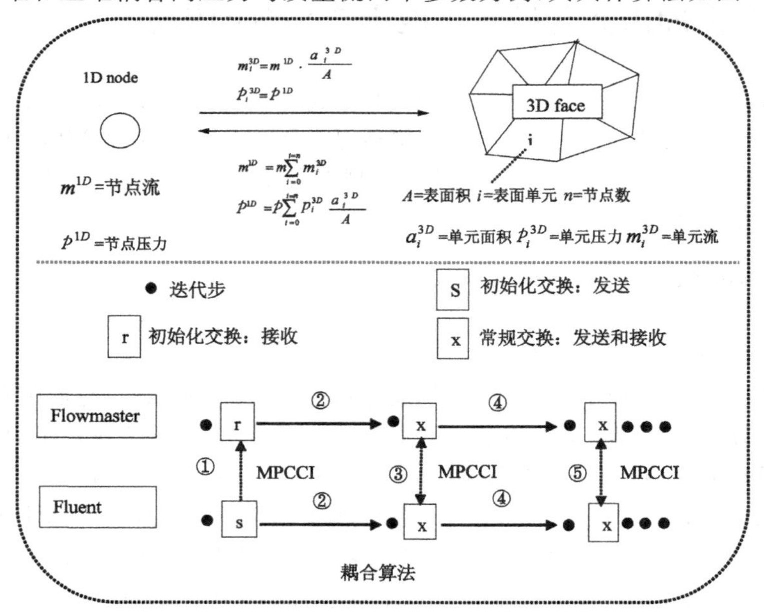

图 5.8 Flowmaster 与 Fluent 的耦合算法

图 5.8 耦合算法是以瞬态耦合为例，以质量流和压力参数交换为例，在一维计算中对应节点流和节点压力，而在三维计算中单元体被分为 n 个节点，每个节点对应一个表面单元，构成单元体总体表面，参数交换的本质就是使得一维节点流量和压力与进出单元体的总流量和表面压力保持一致；在瞬态初始化交换时 Fluent 先将流量参数发送给 Flowmaster，然后进行并行运算，选择在每个迭代步后进行常规交换，Fluent 将流量参数发给 Flowmaster，而 Flowmaster 将压力参数发给 Fluent 进行信息互换，直到双方最终都达到收敛。

根据实际问题交换参数也可以是温度等其他参数，当三维体网格被简化的二维单元面网格所代替时，数据传递也遵循同样的原理，则耦合过程简化为二维计算与一维问题间的耦合。

5.2.1.3 MPCCI 耦合步骤

具体耦合步骤如图 5.9 所示。

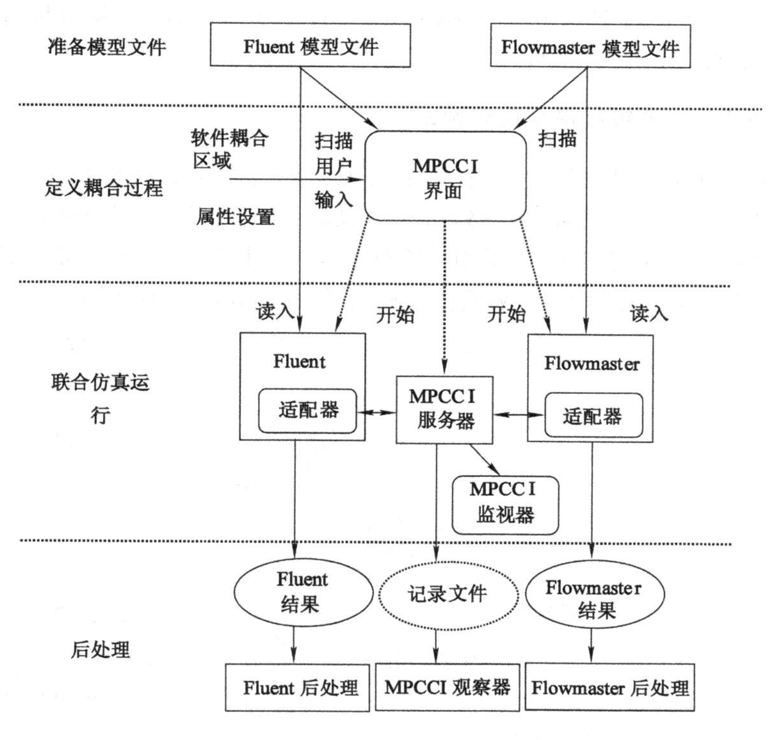

图 5.9 MPCCI 耦合流程

如图 5.9 所示，MPCCI 联合仿真分为准备模型文件、定义耦合过程、联合仿真运行以及后处理四个流程。

准备模型文件：在耦合前，对于不同耦合区域需要在各自软件（本书即 Fluent 与 Flowmaster）中建立相应的物理几何模型，使其能满足在各自软件中单独运行，与单个软件运行不同的是，在各自软件中还需要指定耦合区域以及耦合边界的初始条件；此外需导出 Flowmaster 联合仿真信息，选中 MPCCI link file 报告类型，在 Flowmaster 中的 MPCCI ASCII file builder 窗口激活边界条件，创建 ASCII 文件。

定义耦合过程：在 MPCCI 耦合界面通过 SCAN 读取前面准备好的模型文件，并定义耦合区域，选定交换参数，设置监视器以及选定耦合算法。

联合仿真运行：启动 Start 后，按照前面计算原理，MPCCI 分别处理 Fluent 和 Flowmaster，两款软件各自并行计算自身区域，MPCCI 则控制耦合面参数交换。

后处理：包括对 Fluent 和 Flowmaster 的分别后处理，以及对耦合结果在 MPCCI 监视器中的查看处理。

5.2.2 MPCCI 多维度耦合模型调试

在复杂压力流动管网中，往往需要考虑局部结构的流动参数，MPCCI 多维耦合方法提供了较好的解决思路，对于常见的 Y 型流动仪，压力端进出口处短支管流动压损几乎可以不计，采用一维处理即可，对于要求解的局部流动仪则可采用三维处理，通过 MPCCI 来耦合求解，具体模型如图 5.10 所示。

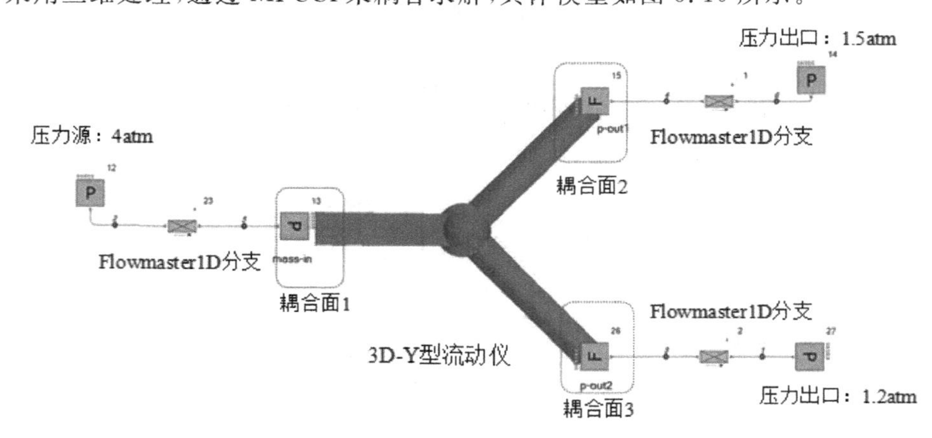

图 5.10　Fluent-Flowmaster 多维耦合案例模型

图 5.10 所示的 Y 型结构流动管网的中间核心部分为 3D-Y 型流动仪，采用 Fluent 处理，进出口短支管采用 Flowmaster1D 处理，三维 Y 型流动仪与支管相

接处为耦合面，分别命名为耦合面 1、2、3；已知压力源为 4 atm，两个压力出口分别为 1.5 atm 和 1.2 atm，耦合入口处面积为 4 cm^2，两个出口面积都为 3.12 cm^2，选择压力和质量流参数交换，根据需要求算耦合面出口压力参数，因为耦合面离出口间分支压损较小，若耦合面求解压力值无限接近出口端压力，即认为耦合求解可靠。

5.2.2.1 模型准备与调试参数

需要特别注意的是耦合对版本匹配性要求较高，本书采用的 MPCCI 版本为 4.3.0，其支持耦合软件的匹配参考版本如表 5.3 所示。

表 5.3 MPCCI 版本匹配表

<table>
<tr><td></td><td colspan="7">支持 Flowmaster 版本</td></tr>
<tr><td>MPCCI 操作环境</td><td>7.6</td><td>7.7</td><td>7.8</td><td>8.0</td><td>8.1</td><td>8.2</td><td>9.0</td></tr>
<tr><td>Windows–(x86,x64)</td><td colspan="7">支持 Fluent 版本</td></tr>
<tr><td>Mswin</td><td>12.0</td><td>12.1</td><td>13.0</td><td>14.0</td><td colspan="3">14.5</td></tr>
</table>

根据表 5.3，本书选用 Flowmaster 过渡版本 V7.9.0 和 FLUENT 14.0。

分别在 Flowmaster 以及 Fluent 中建模，在 Flowmaster 中三个边界源采用边界激活条件，分别为一个压力边界以及两个质量流边界，为保证 Flowmaster 能独立运行，本书给定流量边界一个初始激活流量 0.005 m^3/s，其余参数依据模型参数设置即可，从而生成 Flowmaster link 文件，对于 Fluent 采用质量入口以及压力出口边界条件，质量通量为 24 950 $kg/(m^2 \cdot s)$，压力 p_{out1} 为 0.05 MPa，p_{out2} 为 0.02 MPa，以上均为 Fluent 预估初始参量。

5.2.2.2 模拟结果

具体耦合结果如图 5.11 所示。

由图 5.11 可知，对于给定的初始质量通量为 24 950 $kg/(m^2 \cdot s)$，最终模拟实际结果为 18 279 $kg/(m^2 \cdot s)$，给定初始压力 $p_{out1}=0.05$ MPa，$p_{out2}=0.02$ MPa，在迭代过程中均有反应，最终求解实际结果为 $p_{out1}=0.156$ MPa，$p_{out2}=0.127$ MPa，在原始模型中，初始压力源为 0.4 MPa，两个压力出口，p_{out1} 处，对应出口压力源为 0.15 MPa，p_{out2} 处，对应出口压力源为 0.12 MPa，由结果可知 0.156 MPa 接近预期 0.15 MPa，0.127 MPa 接近 0.12 MPa，与案例核算数据一致，因而此次耦合模拟结果较为可靠。

5.2.3 MPCCI 多维度耦合突出冲击波传播过程模拟

在上小节 MPCCI 用于 Fluent-Flowmaster 多维度耦合可靠性验证的基础

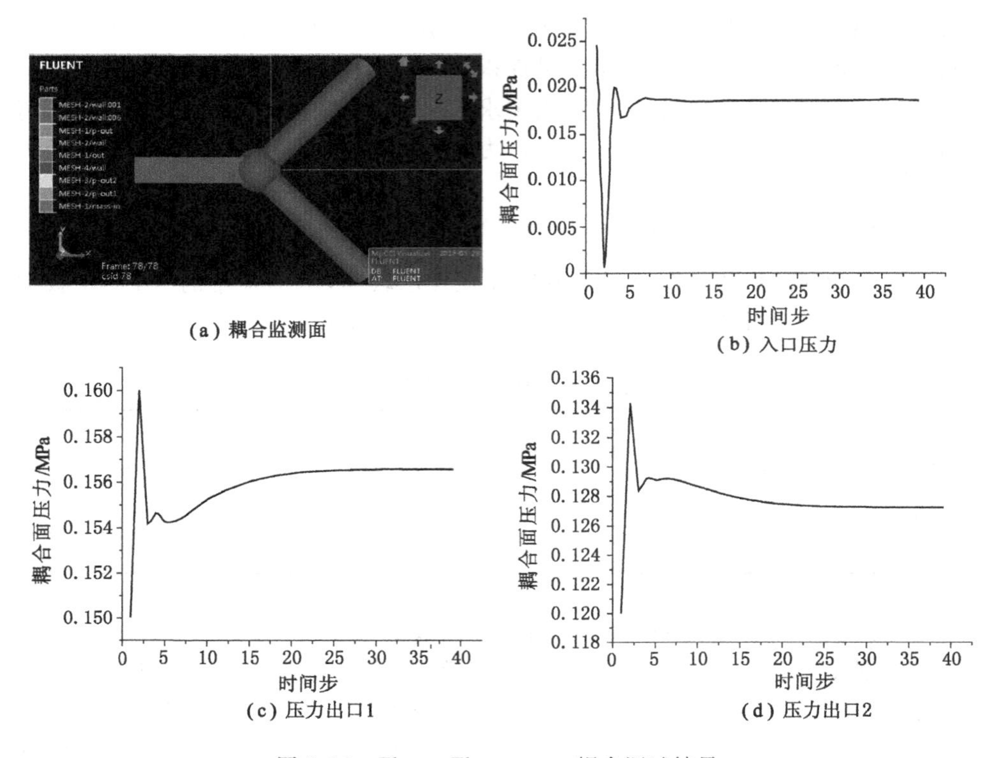

(a) 耦合监测面

(b) 入口压力

(c) 压力出口1

(d) 压力出口2

图 5.11 Fluent-Flowmaster 耦合调试结果

上，在实际模拟过程中，采用简化处理，突出源简化为高压腔体，突出冲击波只进行巷道单向传递，参照第 2 章中的突出模型，选取了一条 22 m 长直巷，巷高 0.2 m，突出腔长 0.5 m，高 0.3 m，在离突出腔 5.6 m 处设置监测面 AB，离突出腔 12 m 处的截面 CD 为耦合面，离突出腔 14.2 m 处设置监测面 EF，而一维管道处理部分则选取了离突出源距离 15 m 的 GH 和 21 m 的 IJ 两处，具体如图 5.12 所示。

突出源周边巷模拟采用 Fluent 处理，初始参数设置可参考第 2 章两相流模型的设置，在离突出腔 12 m 处设置为耦合面，认为此时突出冲击超压压力衰减梯度已经较小，不属于强扰动区域，而后 10 m 巷道做一维线性化处理，在 Flowmaster 中完成。

对于耦合参数的设置，在 Flowmaster 中激活其流量源边界，采用初始化流量 0.001 m^3/s，选用瞬态可压模拟，时间步长为 $t=0.000\ 1$ s，模拟时长为 0.08 s；对于 Fluent，在耦合面设置为压力出口边界；耦合模拟采用显式瞬态方案，Flowmaster 作为初始化数据接收方。模拟结果如图 5.13 所示。

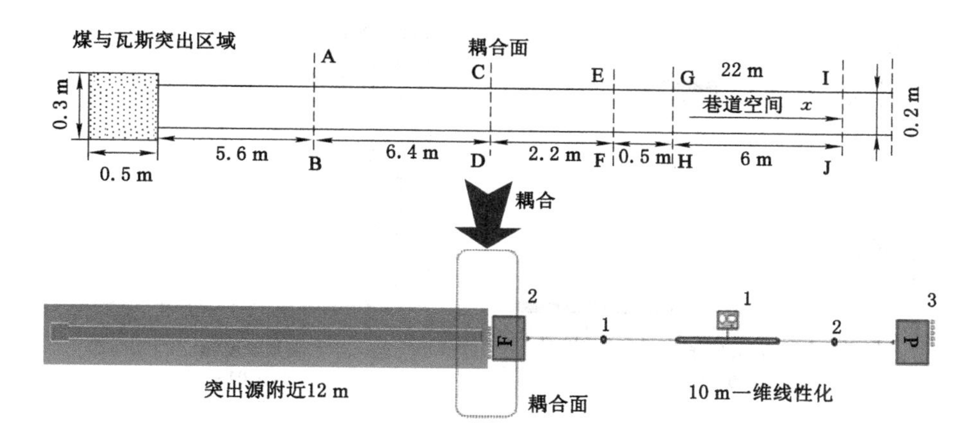

图 5.12　22 m 直巷的突出耦合验证模型

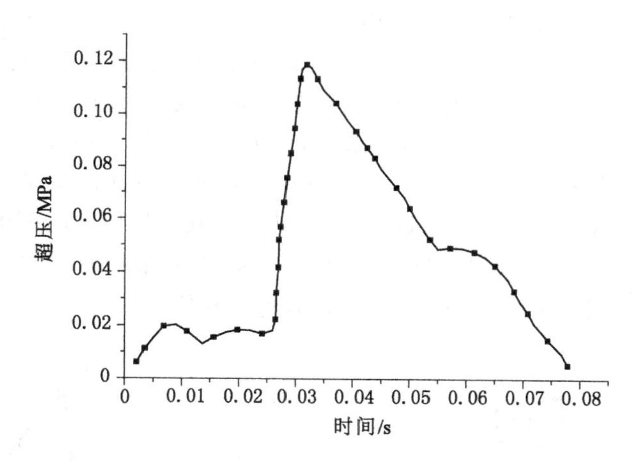

图 5.13　耦合面结果

图 5.13 为 12 m 处耦合面的监测结果，从曲线图中可以看到在 $t=0.032$ s 时，对应绝对压力峰值 219 418 Pa，即相对大气压超压约为 0.12 MPa，这与第 2 章中 Fluent 单独模拟的超压峰值范围以及超压峰值到达时间是基本吻合的。

再对比突出源周边耦合情形 Fluent 部分数值模拟结果如图 5.14 所示。

耦合模拟中 Fluent 模拟了 22 m 长管道的邻近突出源的前 12 m 巷道，在 $t=0.01$s 时，突出腔内还未完全泄压，此时冲击瓦斯气流已经到达巷道 2 m 处，到 $t=0.04$ s 时，突出腔已经完全卸压，腔口附近如前面提到开始出现负压区域，压力波峰值前端来到 9 m 处，此时冲击气流已经运移到 6 m 处，可见耦合过程中，Fluent 的模拟结果规律较为可靠。

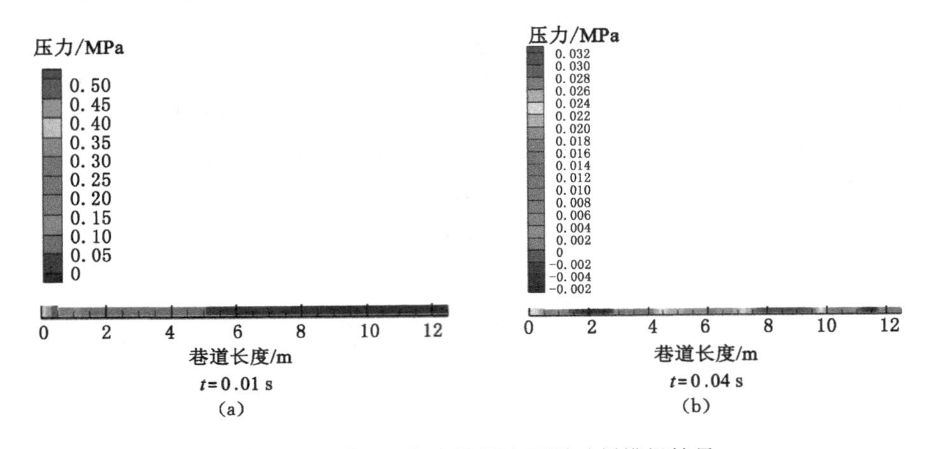

图 5.14　Fluent 突出源周边不同时刻模拟结果

如图 5.15 所示，耦合模拟中 Flowmaster 模拟了距离突出源较远处的 10 m 长管道，与第 3 章中采用压力曲线数据包作为超压源不同，耦合过程 Flowmaster 的压力源通过前面 12 m 处 Fluent 的数值模拟取得，并通过指定耦合面进行数据传递。从图 5.15(a)来看，压力衰减随管道距离的变化不大，与衰减时间具有很大关系，这与第 3 章中 Flowmaster 的单独模拟结论是一致的；图 5.15(b)中，选取了一维管道 GH 和 IJ 两处考察其超压值随时间的变化规律，在 GH 处，超压峰值到来时间延长至 $t=0.037$ s，超压峰值为 0.084 MPa，而在 IJ 处，超压峰值到来时间延长为 $t=0.043$ s，超压峰值衰减为 0.072 MPa。

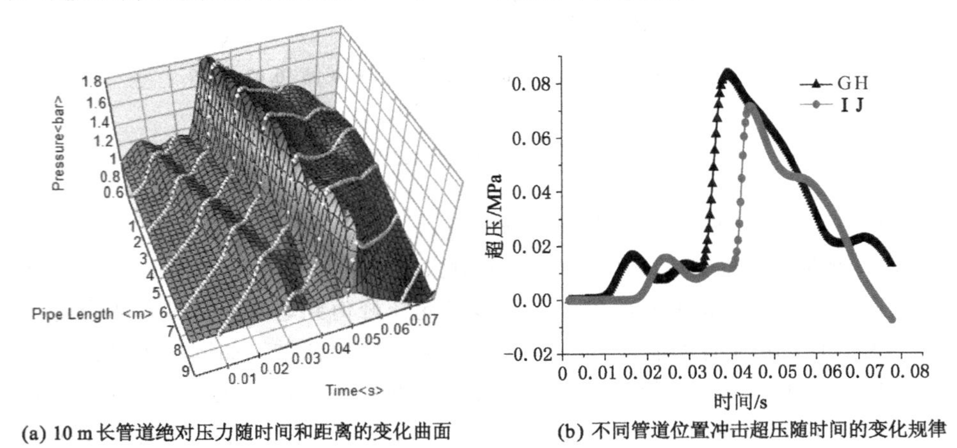

图 5.15　Flowmaster 突出远距离模拟结果

由图 5.16 可知，AB 监测面 5.6 m 处模拟超压峰值时间为 0.012 s 左右，而实验压力峰值时间为 0.006 s,但在压力数值上,模拟结果都接近实验压力峰值 0.11 MPa,而在 EF 监测面 14.2 m 处,三者变化趋势同样一致,由此可知模拟结果较为可靠;对比曲线可以发现,模拟结果压力衰减比实验结果更为缓慢,主要是因为实验过程采用破碎煤体易于沉降,而在模拟过程中采用了均匀煤粉颗粒流,使得重力影响更不明显;另外耦合模拟中压力峰值要略低于非耦合情形,其压力衰减也更为迅速一些,这主要是因为 Flowmaster 中将巷道结构作一维处理后,忽略了结构影响,压力阻滞更不明显,但与实验结果十分相近,两者变化趋势也一致。综上认为 MPCCI 的多维度耦合方法在突出冲击波传播模拟的应用上,具有较高的可靠性,这也为本书后续将突出管网复杂化以及运用于实际分析提供了可靠依据。

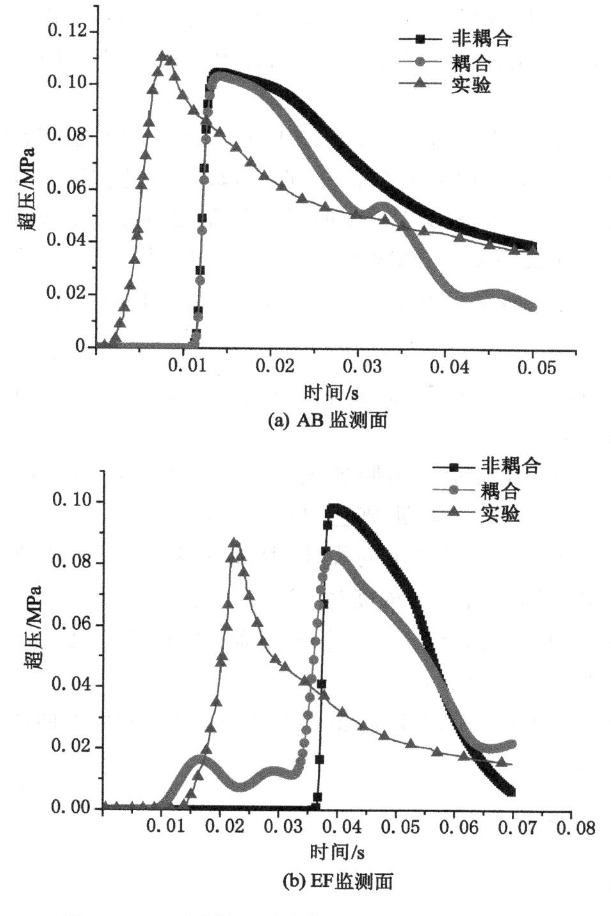

图 5.16 不同截面冲击气流超压随时间变化对比

5.3 突出冲击波衰减及风流紊乱案例分析

本节在上一节建立可靠突出冲击波传播耦合模拟平台的基础上，根据前面突出冲击波的衰减规律研究以及矿井通风网络理论，拟以2005年九里山矿突出事故为研究模型，分析冲击超压随突出时间与传播距离之间的衰减关系，确定冲击波冲击动力对井下通风系统的影响。

5.3.1 突出事故案例

5.3.1.1 工作面概况

2005年8月23日凌晨，九里山矿发生了一起严重的突出事故，15051区段巷掘进工作面炮后突出瓦斯量27.9万 m^3、突出煤量2 887.15 t、最大逆风距离达800余米。

突出事故发生前，矿井总进风量为12 643 m^3/min，总回风量为13 103 m^3/min；主要采掘工作面有：15011回采工作面、15051区段巷煤巷掘进工作面、15071风眼岩巷掘进工作面、15061车场及15061回风巷风眼修理工作面（详情见图5.17）。15051区段巷工作面采用2×15 kW局部通风机供风，供风量为356 m^3/min；正常开采时，最大绝对瓦斯涌出量为2.7 m^3/min；15061工作面风量为20.71 m^3/s。

5.3.1.2 突出影响

15051区段巷发生突出后，造成了大面积逆风现象，最大逆风长度800余米，逆风路线如下：

① 由15011回采工作面回风眼逆入15011上回风巷，15011工作面回风流瓦斯浓度最高达18.39%，逆风距离达到800余米。

② 由15051区段巷突出产生的煤体，堵塞了15回风下山下段，造成15采区泵房回风道不畅通，泵房瓦斯浓度达10%以上。

③ 由15回风下山向下至15071掘进巷辅助回风眼，逆流至15071风眼掘进工作面，逆风距离为160 m。

④ 由15061回风巷回风眼逆流至15061回风巷，15061回风巷修理地点风流瓦斯浓度最高达到78.62%。

5.3.2 突出矿井建模

5.3.2.1 几何建模

依据图5.17的15采取通风系统图，根据矿井通风情况，建立图5.18九里

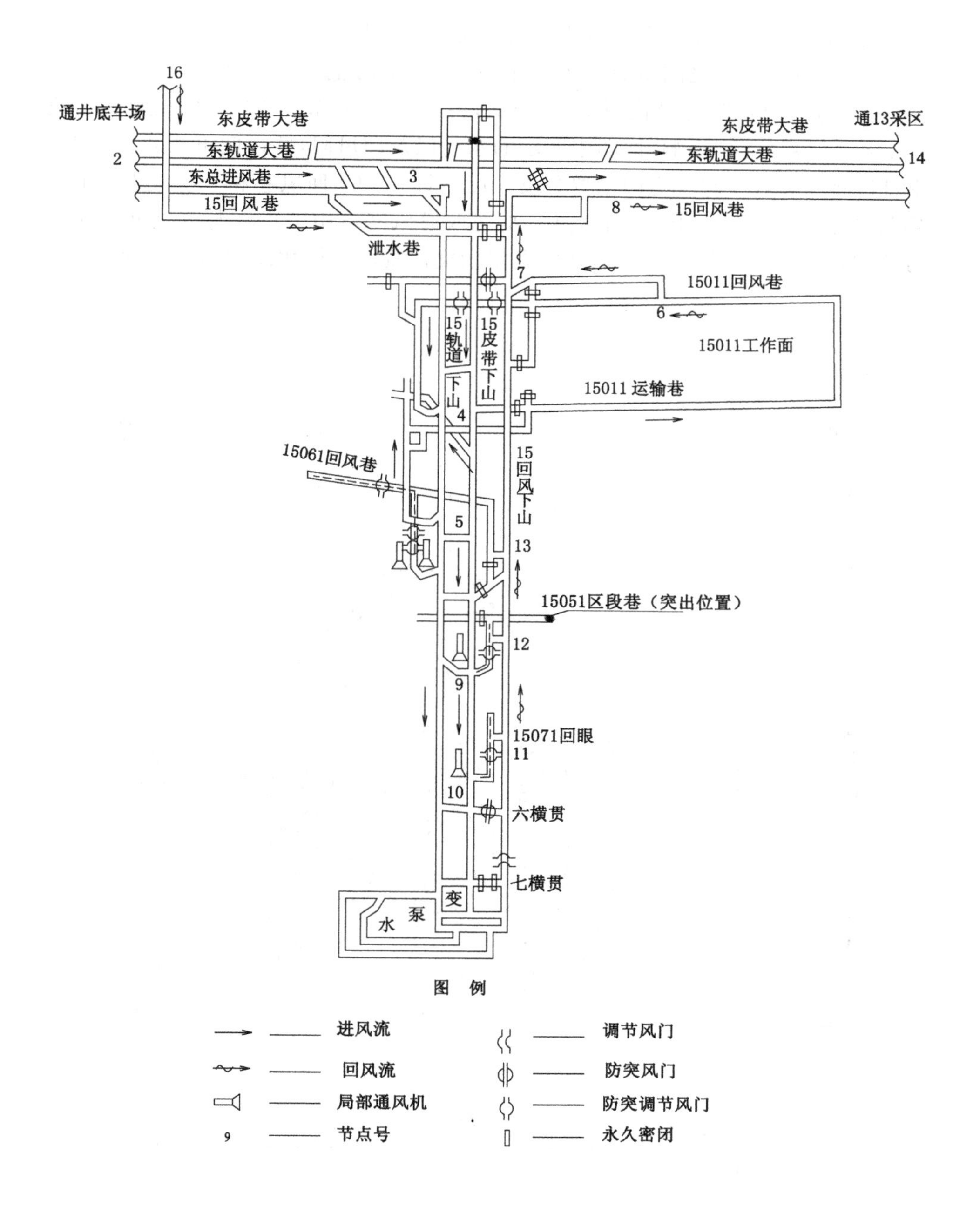

图 5.17　15 采区通风系统

山矿通风网络简化图，风流主要从主副井进入，由节点3流经局部网络，由节点8流出，节点3与8之间从突出事故来看，是突出的重点影响区域，其中突出发生在15051区段巷，为简化图中15分支，突出发生后，节点10与11之间的分支17、18、19容易受到影响，即图中所示的水仓以及回风眼，并由此可能波及分支9和14，此外节点5与7之间主要分支10、12即15061回风巷和15011工作面也容易产生干扰。根据上述分析，进一步选取通风网络中节点3与8之间的重要分支，以15061掘进面为基础，建立九里山突出扰动区简化图如图5.19所示。

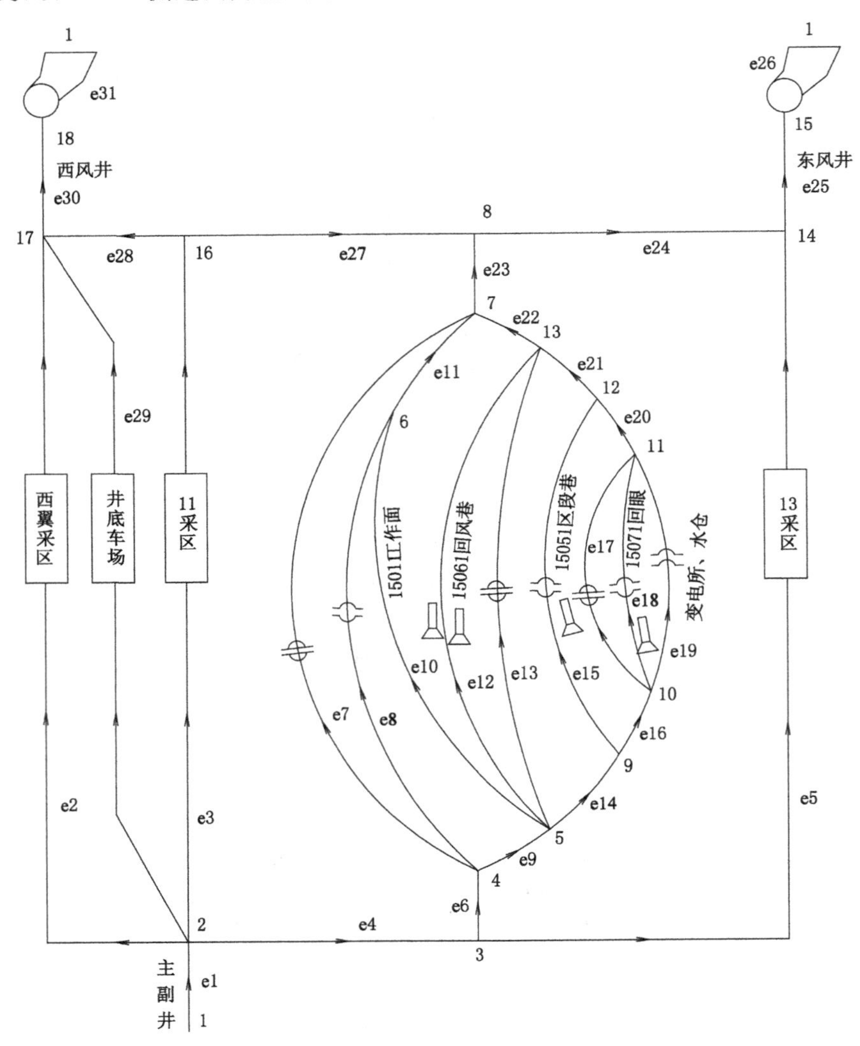

图5.18 九里山矿通风网络简化图

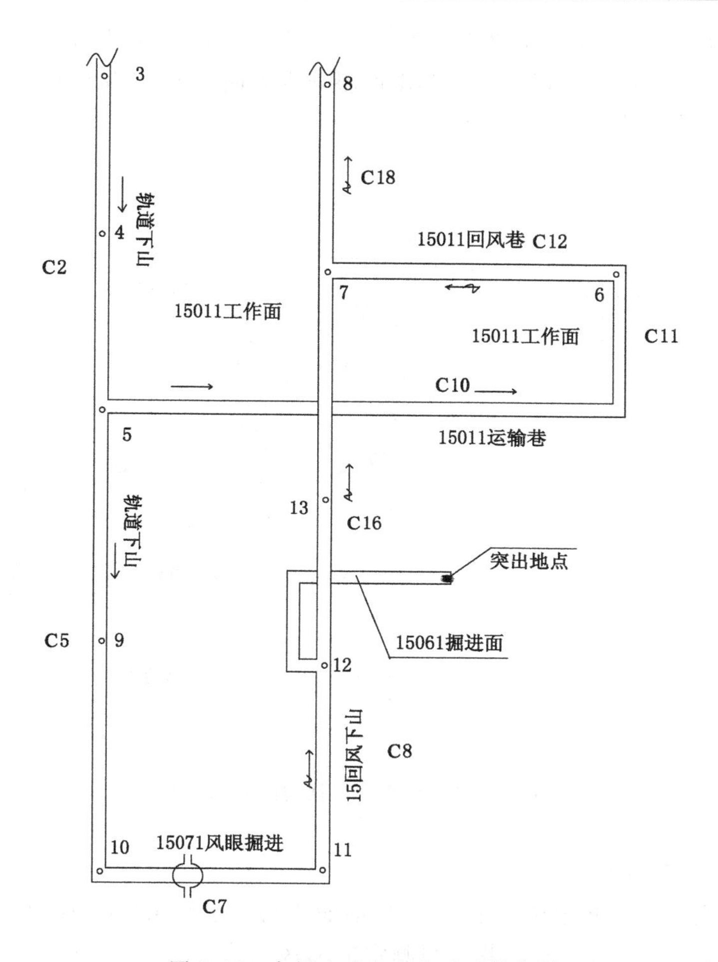

图 5.19　九里山矿突出扰动区简化图

图 5.19 主要包括：轨道下山→15071 风眼掘进→15 回风下山下段→15 回风下山上段→回风大巷和轨道下山→15011 运输巷→15011 工作面→15011 上回风巷→回风大巷这两条风路；其中突出源所在 15061 掘进面与 15 回风下山下段相通，其所对应支路，分别用 C2，C5，C7，C8，C16，C10，C11，C12，C18 命名，方便后续建模。

图 5.20 所示为九里山矿突出扰动区的耦合模型，耦合面设置在离突出点 100 m 左右的突出掘进巷中，突出周边近区域采用 Fluent 建模，远距离分支巷道采用 Flowmaster 建模，各条分支命名对应扰动区简化图 5.19，耦合面处 Fluent 将流量参数传递给 Flowmaster，Flowmaster 及时将压力参数反馈，耦合

初始给定 Flowmaster 一个极微小的初始流量 0.001 m^3/s；整个过程冲击波将通过耦合面经 15061 小段掘进直巷由回眼处进入回风下山，从而扰动通风网络，直至冲击动力消失。

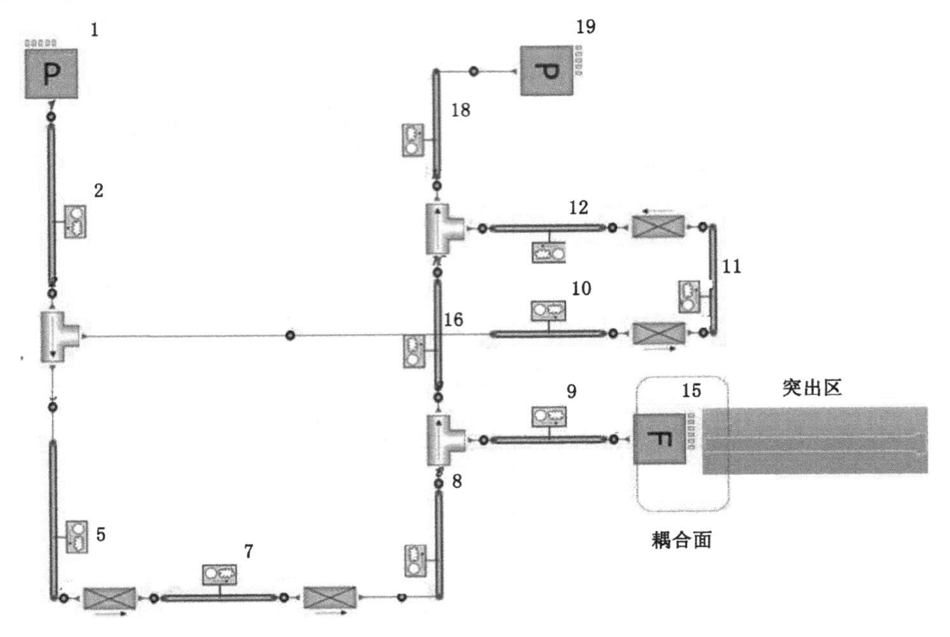

图 5.20　九里山矿突出扰动区的耦合模型

5.3.2.2　参数设置

根据突出前所测定矿井参数，另外前面资料显示突出发生前，工作面 15011 风量为 20.71 m^3/s，进回风巷之间测定的通风阻力为 901 Pa；以此为依据方便 Flowmaster 中参数的设定。

图 5.21 所示为九里山矿突出前扰动区通风模型，根据风机参数，设定该简化模型间风机风压为 2 000 Pa，各项管道参数以及阻力系数根据测定参数设置，但实际通风网络中除沿程阻力外还有多处拐角的局部阻力影响难以考虑，同时根据第 2 章中巷道结构对冲击波超压的衰减分析，拐角等结构不容忽视，衰减效果极为明显，依据第 3 章中冲击波一维结构传播的压损等效原理，本书在多处采取压力损失元件代替，通过调整损失系数来与实际效果相接近：组件 C11 即工作面风量为 21 m^3/s；工作面所在进回风巷压差为 910 Pa，而这与资料显示突出发生前，工作面风量为 20.71 m^3/s，进回风巷之间测定的通风阻力为 901 Pa，与 910 Pa 极为接近，因此认为此时通风情况与突出发生前一致，进而方便下一步的突出动态分析。

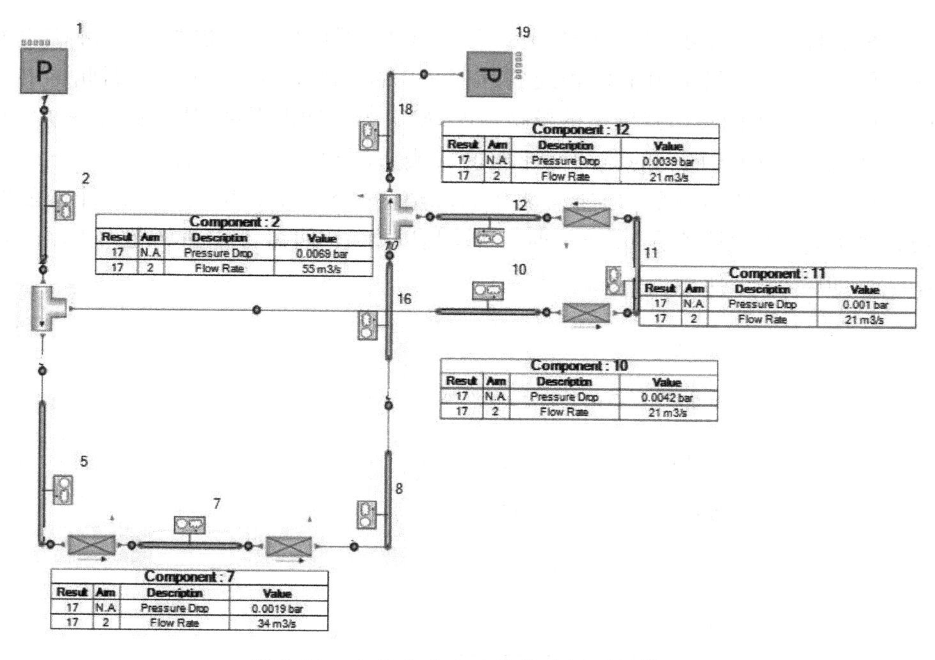

图 5.21　九里山矿突出前扰动区通风模型

5.3.3　耦合结果分析

在确定了突出前通风情况的基础上，需要得知事故突出源参数，根据突出事故现场记录和事后突出冲击波在直巷传播衰减特性的定性分析，得出了该起突出事故冲击超压与巷道位置变化的大致规律，具体见图 5.22。

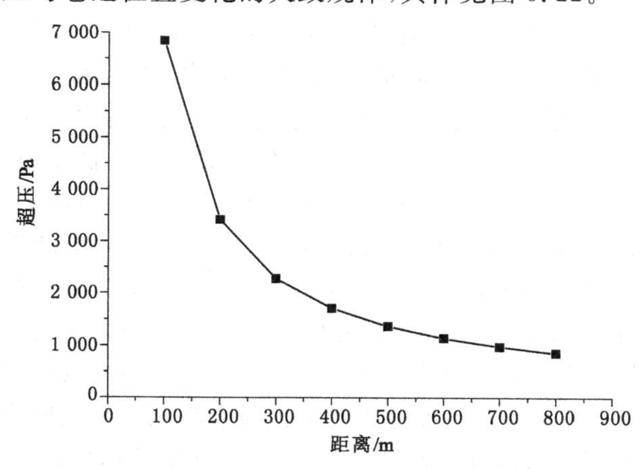

图 5.22　统计冲击超压与巷道位置变化

根据图 5.22 显示，在距离突出源 100 m 处，即前面几何模型中所讲述的突出工作面与 15 回风下山下段相通的回眼处，冲击超压为 7 000 Pa，据此本书可以通过第 2 章不同突出强度下的模拟情况，确定等效冲击强度，从而保证在 100 m 处，也就是 MPCCI 耦合的监测面超压的峰值为 0.007 MPa 左右。

如图 5.23 所示，耦合面所监测压力峰值为 7 800 Pa，与该次事故冲击强度较为接近，该压力峰值在 0.16 s 时到来，此后由 15 回风下山进入通风网络，具体结果如图 5.24 所示。

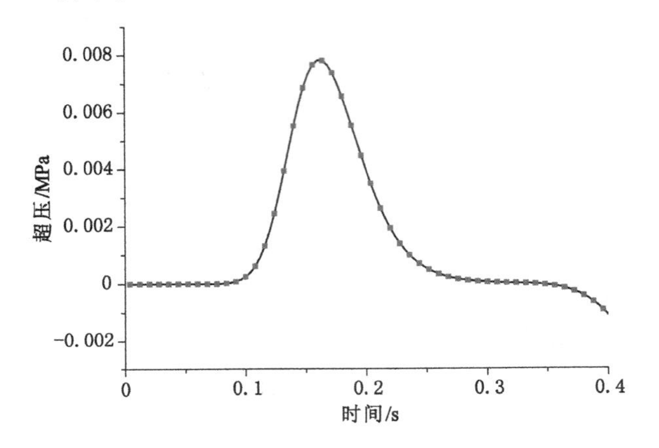

图 5.23　离突出源 100 m 耦合监测面超压曲线

如图 5.24 所示，C8 代表 15 回风下山的下段和上段，是最为接近突出源的巷道之一，其中 C8 回风下山的下段长度为 170 m，此时回风下山的下段超压峰值为 7 500 Pa，因为距离耦合面过近，风阻较小，衰减不明显；C7 是 15071 风眼掘进巷，长度为 60 m，此时超压峰值衰减为 5 200 Pa，但由于该巷道距离过短，因而不同距离处所对应的压力峰值变化不大，峰值到来时间差异也不明显，C5 对应 15 轨道下山下段，下段长为 290 m，巷道长最大处即最靠近突出源处，压力超压峰值已经衰减为 4 600 Pa；另一方面，另一条突出支路上，C16 回风下山的上段长度为 400 m，越往下越靠近突出源，因而随着巷道长度的增长，传播距离越大，压力峰值反而越小，压力峰值到来时间也越靠后，冲击波沿 C16 回风下山的上段往上一方面汇入 C18 回风总巷，另一方面进入工作面对应的上回风巷 C12，由于 C16 巷道长 400 m，C12 巷道长 350 m，至此加上突出源近区域 100 m，此时工作面上回风巷右端已经距离突出源 800 余米，因而其压力峰值到来时间已经延后到 1.8 s 甚至是 2 s，而压力绝对值最右端也已经衰减为 1 800 Pa。

前面统计的超压衰减显示从 100 m 处对应峰值 7 000 Pa 到 800 m 处衰减为 1 000 Pa，衰减量为 6 000 Pa，而模拟结果为 100 m 处对应峰值 7 800 Pa 到

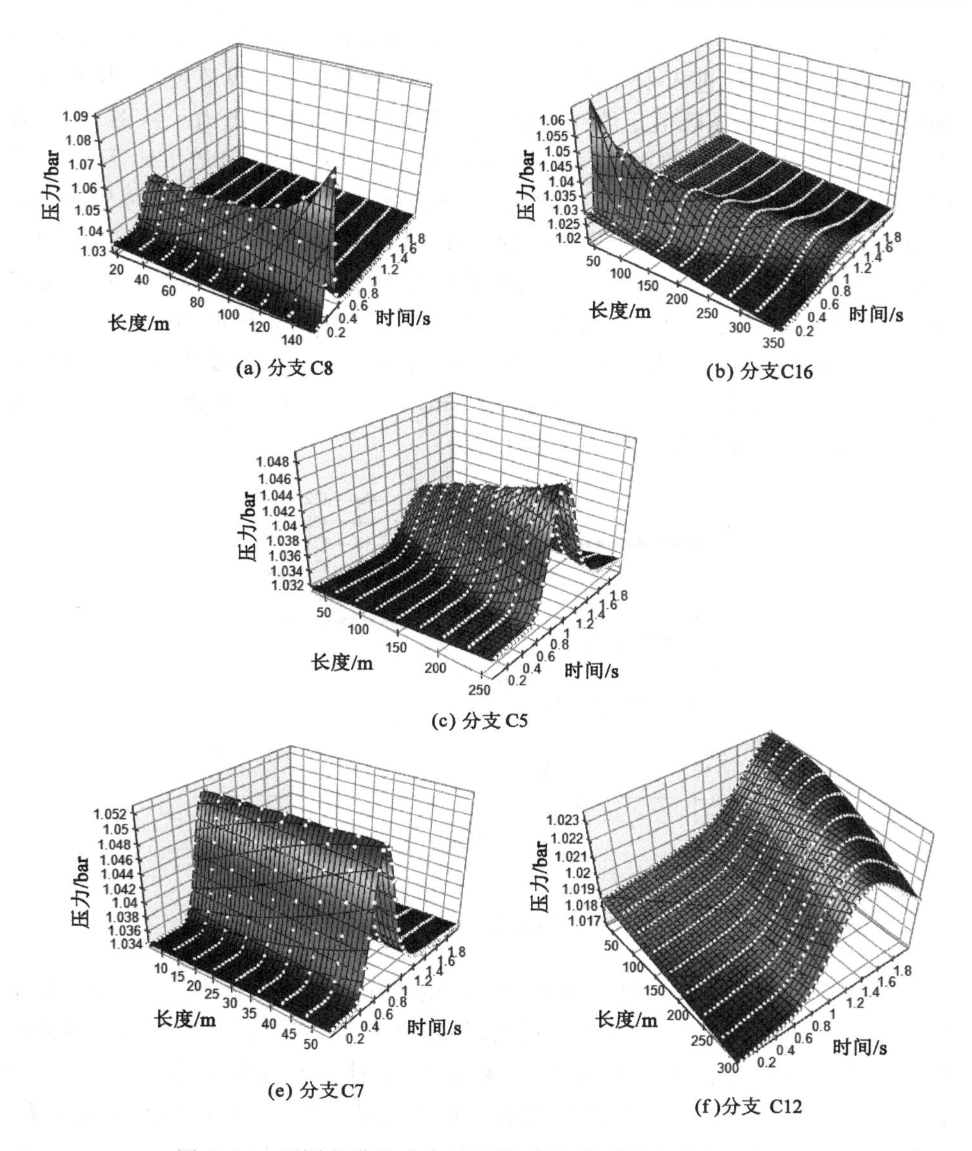

图 5.24 不同巷道处冲击压力随时间、巷道长度的变化曲面

800 余米处衰减为 2 100 Pa，衰减量为 5 700 Pa，可见两者的对应峰值与衰减量极为相似，模拟结果峰值数值偏高，衰减量略小，这主要是因为煤粉易沉降堆积，加大阻力，这一点模拟难以考虑，而具体巷道结构上带来的衰减也难以精确定量，综上模拟结果可信度较高。

如图 5.25 所示，突出一旦发生后，原有的通风稳态一定被打破，根据前面分析，冲击波经过回眼进入 15 回风下山后极易引起关联分支风流逆转，其逆转关键是衰减的冲击超压峰值足够克服该处逆流情况下的通风阻力。从图 5.25 来看，由于受到冲击超压的影响，C2（轨道下山上段）、C5（15 轨道下山下段）、C7（15071 风眼掘进）、C12（15011 上回风巷）四条分支由于原有风压方向与冲击超压反向，因而风量都出现了不同程度的下降，其中轨道下山上段和 15011 上回风巷由于离突出源较远，此时冲击超压尚不够大，因而影响较小，风量衰减量也较小，从风量低谷值到来的时间来看，轨道下山最小风量对应时间为 1.61 s，15011 上回风巷风量最小时间为 1.17 s，对应风量值 14.8 m^3/s，传播距离上也可以反映出这一点，轨道下山上段离突出源 620 m，而 15011 上回风巷离突出源只有 500 m，因而上回风巷受干扰时间更为提前。

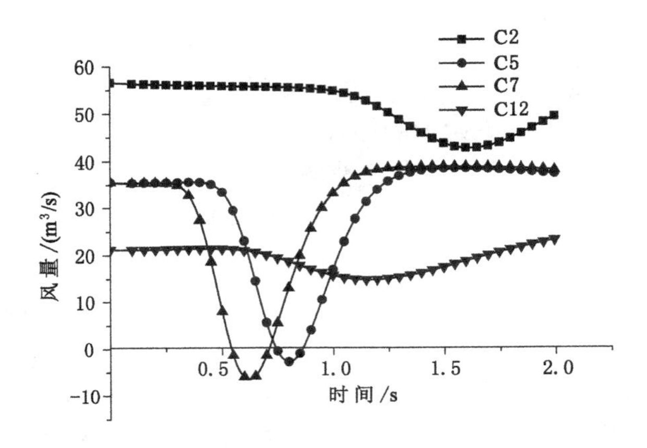

图 5.25　突出后关键分支风流随时间的变化

与轨道下山上段、15011 上回风巷不同的是 15071 风眼掘进、15 轨道下山下段在 0.54 s 和 0.75 s 时刻分别呈现负风量，即发生了逆流，其中 15071 风眼掘进巷距离突出源更近，因而更早发生逆流，但此时逆流风量仅为 6.2 m^3/s，而 15011 上回风巷也还未逆流，这都说明干扰强度还不够大，但从逆流距离来看，此时逆流沿轨道下山下段方向已达 600 余米，从逆流情况与距离来看与前面所述案例较为吻合。

5.3.4　突出冲击波衰减规律及风流紊乱分析

5.3.4.1　不同冲击超压

在本书中突出冲击强度表现为冲击波超压峰值的数值大小，第 2 章 Fluent

数值模拟研究表明冲击波超压受突出源影响因素复杂，因此为便于比较，本书采用 100 m 耦合面处冲击超压峰值大小与案例进行直观比较。

(1) 加大冲击超压

对比九里山矿突出情形，保证风机风压不变，增大冲击超压，使 100 m 耦合面处，超压压力峰值 $p=12\ 000$ Pa，耦合结果如图 5.26 所示。

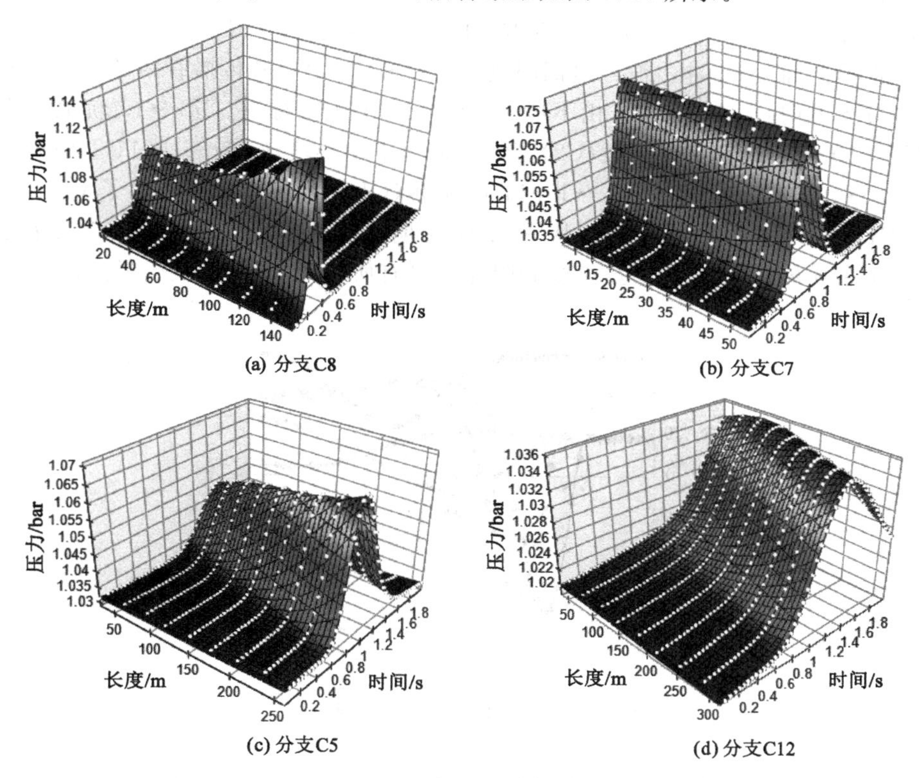

图 5.26　不同巷道处冲击压力随时间、巷道长度的变化曲面

C8 所代表的 15 回风下山的下段与突出源相近，最右端紧邻突出源处超压峰值为 11 800 Pa，C7 代表的 15071 风眼掘进巷，该处传播距离较短，超压峰值衰减并不明显，C5 轨道下山下段，最大超压峰值为 6 500 Pa，上述串联分支沿逆流方向超压峰值依次衰减，超压峰值到来时间依次滞后，相比于距离而言，超压值随时间的变化要更为明显，例如 C5 轨道下山下段长 300 m，压力峰值在 5 000 Pa 到 6 000 Pa 之间，压降仅为 1 000 Pa。

C16 与 C12 是由 15 回风下山上段和 15011 上回风巷构成的另一条分支，其中 C16 紧靠突出源，巷道长越小越靠近突出源，因而压力峰值也越大，其最近处压力峰值到来时间仅为0.018 s，而C12上回风巷左端距离突出源500余米，其压力峰值到来时间已经滞后到1.8 s左右，超压峰值为3 600 Pa，由于上回风巷长350 m，最右端距离突出源800余米，压力峰值为3 400 Pa。

从超压衰减幅度来看，沿回风下山下段分支，超压在距离突出源600余米处，从12 000 Pa衰减至6 500 Pa，衰减量达5 500 Pa，沿回风下山上段分支超压在距离突出源800余米处衰减至3 400 Pa，衰减量达8 600 Pa。

根据前面分析，冲击波经过回眼进入15回风下山后其传播有两条重要可能逆流分支方向：① 15回风下山下段(C8)→15071风眼掘进(C7)→15轨道下山下段(C5)→15轨道下山上段(C2)；② 15回风下山上段(C16)→15011上回风巷(C12)→15011工作面(C11)→15011运输巷(C10)。本书重点选取了C2、C5、C7、C11、C12这5条重要分支，从图5.27中明显可以看到，C5、C7、C12三条分支发生了逆流，而C2、C11虽然受到阻滞风量有所下降，但并未发生逆流。

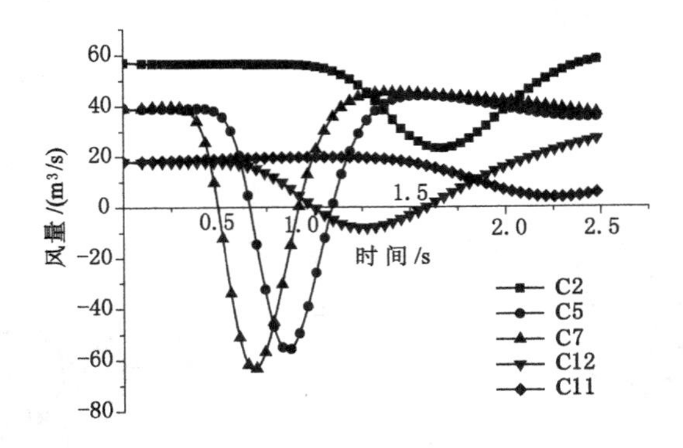

图5.27　突出后关键分支风流随时间的变化

三条逆流分支中C5轨道下山下段和C7风眼掘进巷串联，因而两者风量变化趋势一致，其中风眼掘进巷离突出源近300 m，开始逆流时间为t=0.5 s，最大逆流风量63 m^3/s，此时最大逆流风速已经超过8 m/s，轨道下山下段离突出源360余米，正常通风情况下，原有巷道风量为40 m^3/s，受冲击超压影响，巷道风量逐渐减小，在t=0.66 s时开始逆流，随后达到最大逆流风量，一旦冲击超压减弱；风量开始恢复，整个过程持续1.5 s左右，较冲击波传播时间具有一定的延后性；与之前较小冲击强度时不同的是C12对应的15011上回风巷此次也发生了逆流，逆流量为8 m^3/s，这说明此时冲击超压要大于原有通风阻力；从冲击波传播距离来看，上回风巷所在位置离突出源500余米，本身长350 m，即此时最大逆流距离达到了近850 m，影响范围较广。

（2）减小冲击超压

对比九里山矿突出情形，保证风机风压 2 000 Pa 不变，减小冲击超压，使 100 m 耦合面处，超压压力峰值 p=6 500 Pa，耦合结果如图 5.28 所示。

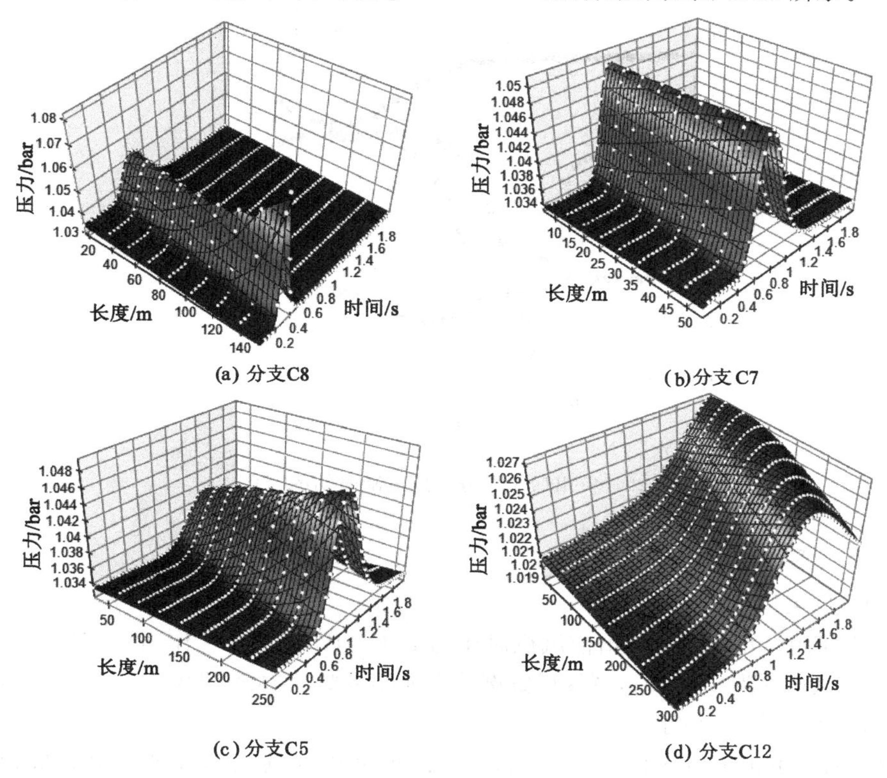

(a) 分支C8　(b)分支 C7

(c) 分支C5　(d) 分支C12

图 5.28　不同巷道处冲击压力随时间、巷道长度的变化曲面

当矿井风机风压不变，冲击强度减小时，C8 所代表的 15 回风下山下段超压峰值为 6 300 Pa，要小于之前的情形，C7 代表的 15071 风眼掘进巷以及 C5 轨道下山下段，衰减趋势与之前情形较为一致，但在峰值到来时间上稍有延后，这说明冲击强度的改变，其影响主要体现在超压峰值的大小以及到来时间。

如图 5.29 所示，图中 C2、C5、C7、C12 这 4 条重要分支均未发生逆流，突出冲击波尚未到达分支时，C12 对应的 15011 上回风巷风量为 18 m^3/s，对应风速为 2.5 m/s；一旦冲击波进入各分支，C5 对应的轨道下山下段以及 C7 对应的 15071 风眼掘进巷风量衰减最为明显，两者也最为接近突出源，其中 15071 风眼掘进巷几乎滞流，而之前突出案例中这两条支巷均发生了不同程度逆流。从风量低谷值到来时间以及风量恢复时间来看，越靠近突出源风流低谷值出现时间越早，其恢复也越快，这主要是由于越接近突出源，突出冲击波超压值越大，冲击波传播速度也越快。

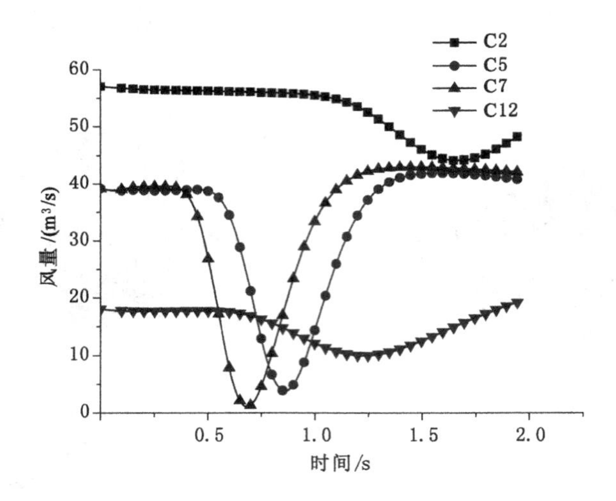

图 5.29　突出后关键分支风流随时间的变化

5.3.4.2　不同通风条件

（1）加大风机风压

该案例中，九里山矿突出前风机风压为 2 000 Pa，15011 工作面对应风量为 20 m^3/s，风速约为 2.8 m/s，现保证案例冲击强度不变，增大风机风压至 2 500 Pa，模拟结果如图 5.30 所示。

C8 回风下山下段长度为 170 m，从前面模型得知巷道越长处越靠近突出源，此时对应超压峰值为 7 500 Pa，C7 是 15071 风眼掘进巷，长度为 60 m，此时超压峰值衰减为 5 000 Pa，但由于该巷道距离过短，因而不同距离处所对应的压力峰值变化不大，峰值到来时间差异也不明显，C5 对应 15 轨道下山下段，下段长为 290 m，巷道长最大处即最靠近突出源处，超压峰值衰减为 4 500 Pa；C12 巷道长 350 m，距离突出源 800 余米，因而其压力峰值到来时间已经延后到 1.8 s，甚至是 2 s；从数值上来看，当突出冲击强度一定时，改变矿井风机风压，对突出冲击超压衰减的影响并不显著。

如图 5.31 所示，图中 C2、C5、C7、C12 这 4 条分支均未发生逆流，当突出冲击波尚未进入分支时，C12 对应的 15011 上回风巷风量为 21 m^3/s，因其与 15011 工作面串联，此时对应工作面风速为 2.95 m/s；随后受冲击超压影响，图中分支风量先后开始减小，其中 C7 对应的 15071 风眼掘进巷离突出源最近，风量衰减量达近 40 m^3/s，但其巷道长度仅为 100 m，并且 15071 风眼掘进巷风阻

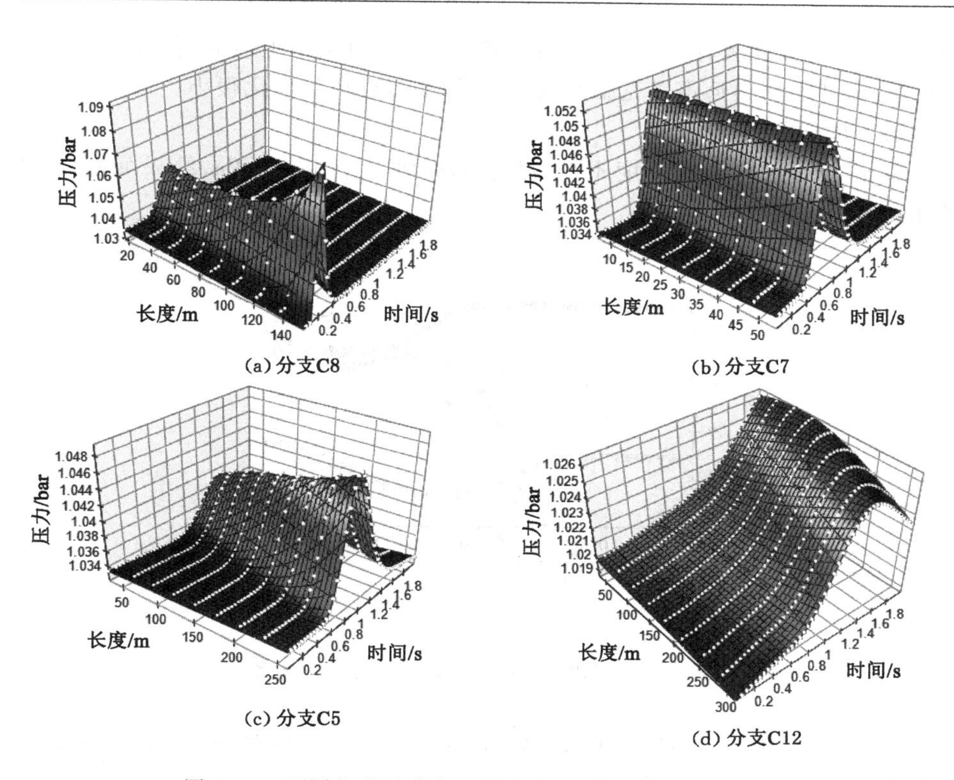

图 5.30　不同巷道处冲击压力随时间、巷道长度的变化曲面

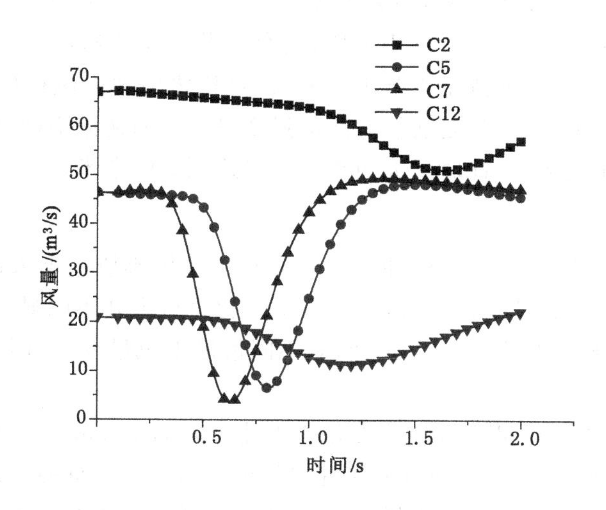

图 5.31　突出后关键分支风流随时间的变化

较小，冲击超压衰减有限，当冲击超压到达C2轨道下山上段时，传播距离已达600余m，冲击压力远难以克服通风阻力，因而该处风量变化很小。

(2) 减小风机风压

保证案例突出冲击强度不变，减小风机风压至1 500 Pa，结果如图5.32所示。

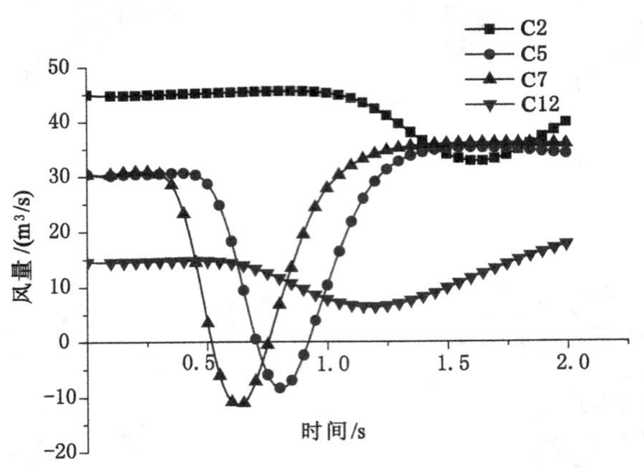

图5.32　突出后关键分支风流随时间的变化

从图5.32中明显可以看到C5、C7两条分支发生了逆流，而C2、C12虽然受到阻滞风量有所下降，但并未发生逆流。

其中C7代表风眼掘进巷，离突出源近300 m，开始逆流时间为0.51 s，最大逆流量12 m^3/s，C5代表轨道下山下段，离突出源360余米，开始逆流时间要稍晚于风眼掘进巷，最大逆流量也要小一些，但对比之前加大风机风压的情形，此时逆流风量要远大得多，与之前较大冲击强度时发生的逆流不同，C12代表的上回风巷并未发生逆流，即此时最大逆流距离仅达到500余米。

5.3.4.3　对比分析

针对前面分析，考虑了不同冲击压力以及矿井风机风压下突出冲击超压衰减以及相应的分支逆流情况，发现超压衰减变化直观上并不明显，但分支风流变化明显，现选取敏感分支C5、C7、C12，对不同情形下风量变化进行对比，对比结果如图5.33所示。

从图5.33中明显可以看到分支是否发生逆流，图5.33(a)中，当保持冲击强度不变，耦合面超压为7 800 Pa，矿井风机风压为2 000 Pa时，分支C7即轨道下山下段发生了逆流，一旦加大风机风压为2 500 Pa，分支C7逆流随即消失，若保持风压为2 500 Pa，增大冲击强度，使耦合面超压为12 000 Pa，逆流现象再次

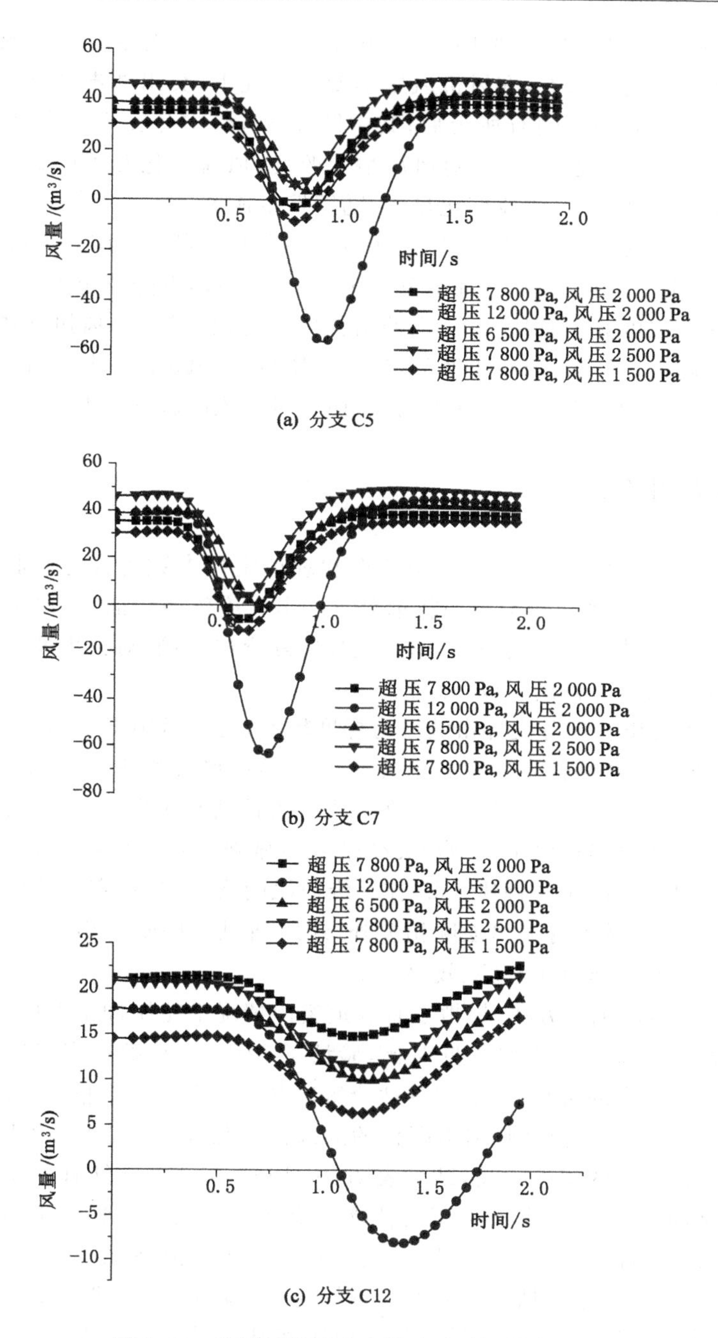

图 5.33　不同情况下分支风流随时间变化的对比

出现，且逆流量急剧增大；类似图 5.33(b)和 5.33(c)也观察到了同类现象；但从风量最小值到来时间来看，在风机风压不变的情况下，突出冲击强度增大，反而使得风量最小值到来时间有所延后；其中图 5.33(c)中分支 C12 代表的 15011 上回风巷距离突出源近 800 m，对风压情况改变，风流变化并不明显，但当冲击强度增大到一定情形时，风流变化显著，随即发生逆流。

研究结果表明，突出发生后，风流逆转受突出冲击强度和矿井风机风压两者共同影响，突出冲击强度越大，巷道分支风量下降越快，下降值越大，但最小值对应时间与冲击强度并不直接相关，当冲击强度一定时，矿井通风风压越大，对应逆流阻力也越大，逆流情况越不明显，反之风压越小，风量减小越明显；初始风量和恢复风量值与冲击强突关联并不明显，但受风机风压影响较大。

5.4 本章小结

本章通过数值模拟手段，以实验数据和理论定性参数为参考，利用 Fluent-Flowmaster 耦合模拟了离突出源较远分支冲击气流传播特征，实现了冲击气流在全风网中传播特征数值模拟，并结合现场实际突出案例，对突出冲击波在井下风网传播规律的研究得出了以下结论：

(1) 对于突出较远分支冲击波压力梯度较小，通过运用 Flowmaster 软件解算，得出以下规律和结论：① 在突出冲击波一维传播过程中，Flowmaster 能够有效地建立一维通风管网，对冲击波在一维巷道传播衰减进行解算，对于突出冲击波在一维传播过程难以考虑结构突变带来的显著衰减，Flowmaster 压力损失元件能够取得有效的压损替代。② 在一维通风网络结构中，突出超压除跟传播距离、巷道结构以及本身突出强度相关外，还跟通风条件密切相关，突出超压沿出风口分支容易快速泄压，衰减效果显著。

(2) 通过运用耦合方法，模拟了直巷道突出情况下超压冲击波的衰减规律，通过与非耦合情况以及实验数据对比，验证了 MPCCI 在解决突出冲击波传播多维度耦合问题中的可靠性，表明其适合解决井下复杂的多维耦合问题。

(3) 选取实际突出案例，利用简化的通风网络模型，采用 MPCCI 耦合方法检验了其工程运用的实际意义，结果表明：① Flowmaster 软件有效还原了突出前通风状况，依据突出冲击波超压与传播距离的衰减关系，MPCCI 耦合方法较为精确地确定了冲击超压干扰范围以及各巷道分支逆流情况，在超压峰值数值大小、衰减幅度以及逆流情况等方面与现场吻合度较高。② 进一步定性分析表明，随着冲击超压增大，逆流风量以及逆流距离都将进一步加大，而增大矿井风机风压能使得逆流强度减小。

6 数值模拟结果实验验证

本章通过基于 Fluent 软件的突出衰减规律数值模拟与实验的对比分析、Fluent-Edem 耦合数值模拟与煤粉瓦斯突出实验数据的对比分析，对数值模拟的可行性进行验证分析。

6.1 实验平台建立准则

6.1.1 相似原理

要保证模型与原型全部相似，物理模型首先是在尺寸上保证几何相似，同时，必须满足时间相似、速度相似、压力相似以及相关变数相似等。实验研究冲击气流在风网中传播规律，通过模型流动现象表征出原型流动现象，通常采用的相似条件主要包括几何相似、运动相似和动力相似。

(1) 几何相似

几何相似是指模型和原型两流场具有相似的边界形状，对应的线性变量比例相同，即

$$C_l=\frac{l_1}{l'_1}=\frac{l_2}{l'_2}=\frac{l_3}{l'_3}=\cdots \tag{6-1}$$

式中 C_l——几何相似比；

l_1、l_2、l_3——原型线性长度；

l'_1、l'_2、l'_3——模型线性长度。

相似实验中，可以将几何相似比作为基本相似比，通过几何相似比可以推导出面积相似比 $C_A=C_l^2$、体积相似比 $C_V=C_l^3$ 等其他诱导相似比。设计实验模型时，在现有的实验条件下，为保证较好地模拟出流体的流动状态，几何相似比通常选取 10～100，由于实验室空间限制，最终选择相似比为 30。

(2) 运动相似

运动相似是指模型和原型流体的速度场相似，即在两流场对应时刻，各相应点速度的方向相同、大小各具同一比例，即

$$C_v=\frac{v_1}{v'_1}=\frac{v_2}{v'_2}=\frac{v_3}{v'_3}=\cdots \tag{6-2}$$

式中　C_v——速度相似比；

v_1、v_2、v_3——原型流场中的速度；

v'_1、v'_2、v'_3——模型流场中的速度。

同理，将速度相似比作为基本相似比，同时结合几何相似比，可以推导出其他诱导相似比，如加速度相似比 $C_a=\frac{C_v^2}{C_l}$、流量相似比 $C_q=C_l^2C_v$ 等。

（3）动力相似

动力相似是指模型和原型流场中对应点受到的压力、重力、弹性力、表面张力等同种力方向相同、大小成固定的比例，即

$$C_F=\frac{F_1}{F'_1}=\frac{F_2}{F'_2}=\frac{F_3}{F'_3}=\cdots \tag{6-3}$$

式中　C_F——动力相似比；

F_1、F_2、F_3——原型流场中的某种力；

F'_1、F'_2、F'_3——模型流场中的某种力。

将动力相似比作为诱导相似比，将密度相似比 $C_\rho=\frac{\rho_1}{\rho'_1}=\frac{\rho_2}{\rho'_2}$ 作为基本相似比，则 $C_F=C_\rho C_l^2C_v^2$，从而我们可以推导出其余诱导相似比，如力矩（功、能）相似比 $C_M=C_\rho C_l^3C_v^2$、压强（应力）相似比 $C_p=C_\rho C_l^2$ 等。

对上述理论在实际应用过程中，三个相似比是相互依存的关系，一般先确定几何相似比和动力相似比，即可计算出速度相似比。

6.1.2　相似准则

模型流动与原型流动相似需要涉及的所有同名物理量相似，然而要列出所有同名物理量进行对比非常烦琐，通常选用相似准则进行判断。在进行模型实验研究时，推导相似准则一般有因次分析、方程分析和选定物理法。

（1）因次分析

物理属性和量度标准是构成所有物理量的两个因素。物理量的属性称为因次或者量纲；不具因次的物理量为无因次量。由于有因次量（如速度 v、长度 l 等）只体现数值的大小，而无因次量（如$\frac{l}{d}$、$\frac{\rho vl}{\mu}$等）可以体现现象的内在规律，因此可以通过因次分析推导出相似准则需要确切知道与现象有关的所有物理量。由于在实际分析现象时，我们常常容易忽略或遗漏有关物理量同时又列出无关物理量，因此想要通过因次分析推导出相似准则仍非常困难。

（2）方程分析

在了解现象的本质后，可以对现象进行数学描述，即通过一组微分方程式来

表述。对于某些现象还需要给定一些单值条件，从而推导出相似准则。

描述黏性流体运动微分方程式为纳斯-斯托克斯方程，假设黏性为常数的情况下，模型流动的表达式如下：

$$\rho\frac{\partial \boldsymbol{v}}{\partial t}+\boldsymbol{v}\cdot\nabla\boldsymbol{v}=\rho\boldsymbol{R}-\nabla p+\mu\left\{\nabla^2\boldsymbol{v}+\frac{1}{3}\nabla(\nabla\cdot\boldsymbol{v})\right\}\tag{6-4}$$

式中，ρ 是流体密度；v 是流体速度；p 是流体压强；μ 是绝对黏性系数。其中，等号左边表示是惯性力，等号右边的第一式表示质量力（一般为重力），第二式表示压力，第三式表示黏性力。

考虑到相似性，原型流动的运动微分方程为：

$$\frac{C_\rho C_v^2}{C_l}\rho\left(\frac{\partial \boldsymbol{v}}{\partial t}+\boldsymbol{v}\cdot\nabla\boldsymbol{v}\right)=C_\rho C_g\rho\boldsymbol{R}-\frac{C_p}{C_l}\nabla p+\frac{C_\mu C_v}{C_l^2}\mu\left\{\nabla^2\boldsymbol{v}+\frac{1}{3}\nabla(\nabla\cdot\boldsymbol{v})\right\}\tag{6-5}$$

由于描述同一现象数学表法式相同，所以

$$\frac{C_\rho C_v^2}{C_l}=C_\rho C_g=\frac{C_p}{C_l}=\frac{C_\mu C_V}{C_L^2}\tag{6-6}$$

根据上式可以推导出表征惯性力和重力之比的弗劳德数 $Fr=\frac{v^2}{gl}$、表征惯性力与黏性力之比的雷诺数 $Re=\frac{\rho vl}{\mu}$、表征压力和惯性力之比的欧拉数 $Eu=\frac{p}{\rho v^2}$ 或者 $Eu=\frac{\Delta p}{\rho v^2}$ 等。理论上，两模型相似需要各相似准数相同，然而，在实际实验中很难实现，通常忽略实验中的次要因素时，对模型进行简化，容易建立一个近似模型。

（3）选定物理法

为求相似准则，首先必须弄清支配原现象的物理法则（由代数值表示），模型具有相同的物理法则，通过物理法则快速地推导出相似准则。本实验模型就是运用选定物理法从而推出相似准则来设计的。本书实验本质是关于流体在管内的运动现象研究，主要涉及的由代数值表示的物理法则有：

惯性力：

$$F_i=\rho l^2 v^2\tag{6-7}$$

重力：

$$F_g=\rho g l^3\tag{6-8}$$

黏性力：

$$F_\mu=\mu l v\tag{6-9}$$

压力：

$$F_p=p l^2\tag{6-10}$$

实验研究的流体是气体，一般忽略重力的影响，由上述的物理法则可以推导出：

$$Re=\frac{F_i}{F_\mu}=\frac{\rho l^2 v^2}{\mu l v}=\frac{\rho l v}{\mu} \tag{6-11}$$

$$Eu=\frac{F_p}{F_i}=\frac{p\,l^2}{\rho\,l^2 v^2}=\frac{p}{\rho\,v^2}\quad Eu=\frac{\Delta p}{\rho\,v^2} \tag{6-12}$$

就本书实验而言，一般认为两流体存在 $\rho=\rho'$、$\mu=\mu'$ 等性质，由满足黏性相似的雷诺准则可知：

$$Re=Re'=\frac{\rho l v}{\mu}=\frac{\rho' l' v'}{\mu'} \tag{6-13}$$

本书实验中，物理模型与原型的几何比例为 30：1，以雷诺准则为判定两流体相似的标准时，实验中巷道风流的速度是原型流速的 30 倍。《煤矿安全规程》中规定主要进、回风巷道的最大风速为 8 m/s，在这种情况下，若要考虑雷诺准则，则模型的风流速度应为 240 m/s。在实际的实验室实验中，风机很难实现这样的流速。根据尼古拉兹实验可知，当流体的雷诺数大到一定程度后会进入阻力平方区，这时，即使两流体的雷诺数不同，也会自动出现黏性力相似。本书实验冲击动力引起的风流运动已经进入阻力平方区，不用考虑雷诺准则。此时，我们考虑的是欧拉准数，即

$$Eu=Eu'=\frac{\Delta\rho}{\rho v^2}=\frac{\Delta\rho'}{\rho' v'^2} \tag{6-14}$$

综合考虑下，实验选取的速度相似比为 $C_v=1$。由几何相似比和速度相似比结合欧拉准数，可以确定时间相似比和压力相似比，即

$$C_t=\frac{C_l}{C_v} \tag{6-15}$$

$$C_p=C_v^2 \tag{6-16}$$

6.2 实验系统介绍

6.2.1 实验装置

基于相似准则，搭建了煤与瓦斯突出冲击气流传播及诱导风流灾变实验装置，该装置的整体示意图见图 6.1。主要包括突出腔体、模拟巷道、风网系统、真空泵、高压注气系统和风机。

(1) 突出腔体

突出腔体由储气腔体和泄压装置两部分构成，储气腔体由两圆柱体组成，大

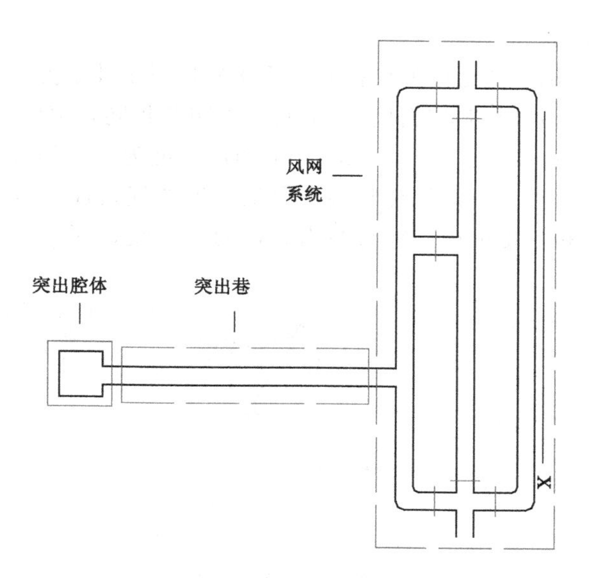

图 6.1 实验装置示意图

圆柱体内径 20 cm、长 30 cm，小圆柱体内径 10 cm、长 14 cm，突出腔体的总容积为 10 524 cm^3。出于安全考虑，储气腔体采用 304 不锈钢材质制作，设计耐压强度为 5 MPa。泄压装置设置在储气腔体出口处，利用机械原理诱导腔体压力快速释放。泄压装置同样是采用 304 不锈钢材质制作，耐压强度为 2 MPa。突出腔体上设置有抽真空-注气口和压力表接口。真空泵和高压气瓶共用一个三通球阀与突出腔体连接，通过三通球阀可以实现抽气和充气之间的转换。为保证实验的安全，突出腔体固定在专用支架上。图 6.2、图 6.3 分别为突出腔体和泄压装置示意图。

图 6.2 突出腔体示意图

图 6.3 泄压装置示意图

(2) 模拟巷道

突出源与风网系统之间的模拟巷道用于模拟煤矿井下掘进巷。模拟巷道由高透光率的亚克力板材制作而成，整个巷道由四节相同管道组成，总长 800 cm。每节管道长 200 cm，内径 10 cm，厚 1 cm，耐压强度为 1.5 MPa。管道之间通过法兰连接，通过在法兰上添加橡胶垫来保证巷道的气密性。整个突出巷固定在专用支架上，模拟巷道的中心线与突出腔体的中心线在同一水平线上。模拟巷道如图 6.4 所示。

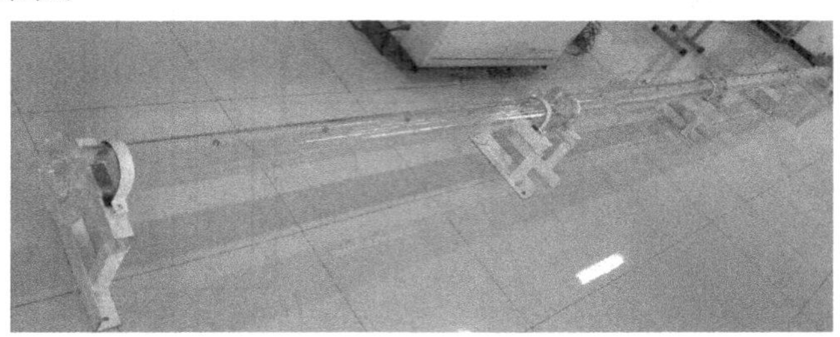

图 6.4　模拟巷道

(3) 风网系统

风网系统的实物图和示意图如图 6.5(a)、(b)所示，图中长度单位均为 cm。该系统主体由三条长 400 cm 的并联管道组成，本书主要使用两外侧管道(风巷 a 和风巷 b)，实验中，中间管道和角联管道均不使用且处于密实关闭状态，其中风巷 a 通过三通管与突出巷相连，三通管外接管道长 60 cm。

风网系统中设置有两个风机口，风机口①和风机口②，由于实验中压入式风机放置位置不同，风机口可以是进风口也可以是出风口。风巷 a 和风巷 b 上分别设置两个阀门，共计四个阀门，本书中简称阀门Ⅰ、阀门Ⅱ、阀门Ⅲ和阀门Ⅳ。每个阀门均有 0 挡、1 挡、2 挡、3 挡四个挡位，其中 0 挡表示阀门完全打开，3 挡表示阀门完全闭合。通过调节阀门挡位，从而改变巷道的局部阻力来分析冲击气流在风网中的传播特征。

实验中的测点布置在风网系统的管道上。实验中共布置有 3 个测压点和 2 个测风点，共 5 个测点，其中风巷 a 上布置测点编号为测压点 1 和测风点 4，风巷 b 上布置测点编号为测压点 2、测压点 3 和测风点 5；测压点是直径 14 mm 的螺纹孔，用于固定压力传感器；测风点是直径 14 mm 的光滑孔，数字风速仪通过固定块安装在测风孔内。上述中的管道都是采用 304 不锈钢材质制作，管道内径均为 10 cm，厚度为 0.4 cm，设计耐压强度为 1 MPa。

(4) 真空泵

为减小实验误差，充气之前对腔体进行抽真空处理，保证腔体内为单一气

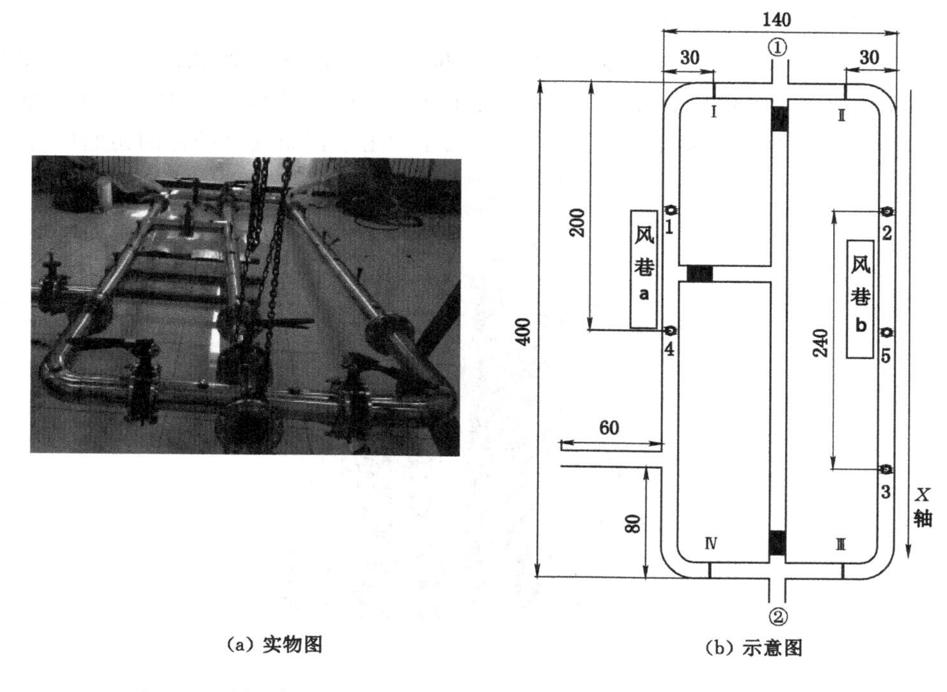

(a) 实物图　　(b) 示意图

1、2、3—测压点；4、5—测风点；Ⅰ、Ⅱ、Ⅲ、Ⅳ—阀门；①、②—风机口。

图 6.5　风网系统

体。实验真空泵为 2XZ-4 型旋片式真空泵，该真空泵极限压力为 6×10^2 Pa、抽气速率为 4 L/s、转速为 1 440 r/min、功率为 0.55 kW，在进气口为低压状态下可以长时间运行，如图 6.6 所示。

图 6.6　真空泵

（5）高压注气系统

图 6.7 为高压气瓶。高压注气系统包括高压瓶、减压阀和注气管路。实验为室内实验，出于安全考虑，最终选定惰性气体 N_2 为实验气体，氮气浓度为 99.99%，气瓶出厂压力为 13.4 MPa。减压阀用于控制突出腔体的初始压力。

图 6.7　高压气瓶

（6）风机

选用 DF-12 低噪声离心风机（图 6.8）为压入式风机，通过一定的风量为巷道供风。风机的供风量为 4 000 m^3/h，全压为 1 960 Pa。该风机的电动机为 YE2-112M-2 型三相异步电动机。

图 6.8　风机

6.2.2 测量仪器

(1) 压力传感器

选用 CA-YD-SAA 压电式压力传感器(图 6.9),其内置先进的膜片隔离技术和截频干扰设计,具有抗干扰能力强、精度高、稳定性好和快速响应等优点,安装在管道的螺纹孔上用于测量冲击动力超压。为了方便分析实验采集的数据,压力传感器和数据采集器之间连接有 YE5857A-1 型阻抗变换器,该阻抗变换器将电荷信号转换成压力信号。该压力传感器主要技术指标如下:

静态指标

压力灵敏度:～50 000 pC/MPa

测压范围:50 Pa～1 MPa

过载能力:500%

迟滞:<5% FS

电容(1 000 Hz):约 4 000 pF

动态指标

自振频率:>50 kHz

工作温度:－40～＋80 ℃

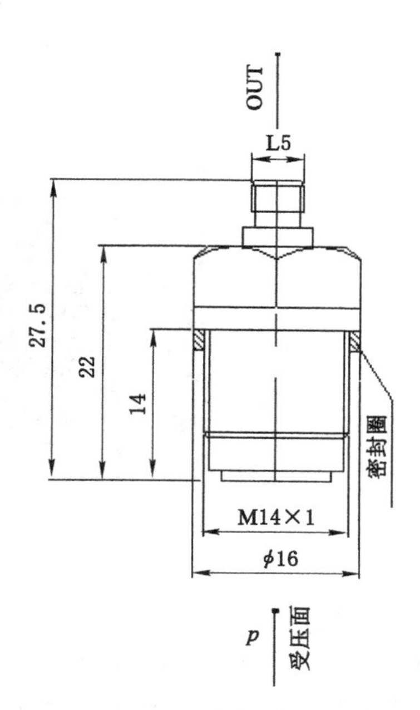

图 6.9 压力传感器

(2) 数据采集器

选用 YE6231 型动态数据采集器(由江苏联能电子技术有限公司提供,图 6.10),其最高采集频率为 96 kHz。YE6231 是基于 USB 2.0 接口的 24 位 A/D 并行数据采集系统,有电压/IEPE 输入两种方式,4 通道,内置程控增益放大器;可以任意设定采集通道数和采样频率,各通道自动扫描采集;存在示波、触发采样、数据记录仪多种采样方式;该采集器带 DC/DC 隔离电源,精度稳定,方便数据二次处理,体积小,重量轻,携带方便。YE6231 主要技术指标如下:

通道数:4

A/D 位数:24 位

信号输入范围:≤±10 Vp

信号频率范围:DC-30 kHz(−3 db±1 db)

放大倍数:×1、×10、×100

精度:±5%

最高采样频率:96 kHz/CH,并行

触发方式:信号触发

采样方式:实时采样、连续存盘

图 6.10　数据采集器

(3) 信号分析系统

YE7600 信号分析系统(由江苏联能电子技术有限公司提供)同时支持信号采集及后处理分析两种工作状态,支持连接 YE6231 型动态数据采集器,可用于高频压力变送器信号的采集、分析和记录。该系统支持示波方式、手动触发、信号触发、连续记录四种采样方式；支持 UFF58、UFF58b、MatLab5.0 三种文件储存格式，方便用其他软件进行数据分析。该信号分析系统的界面如图 6.11 所示。

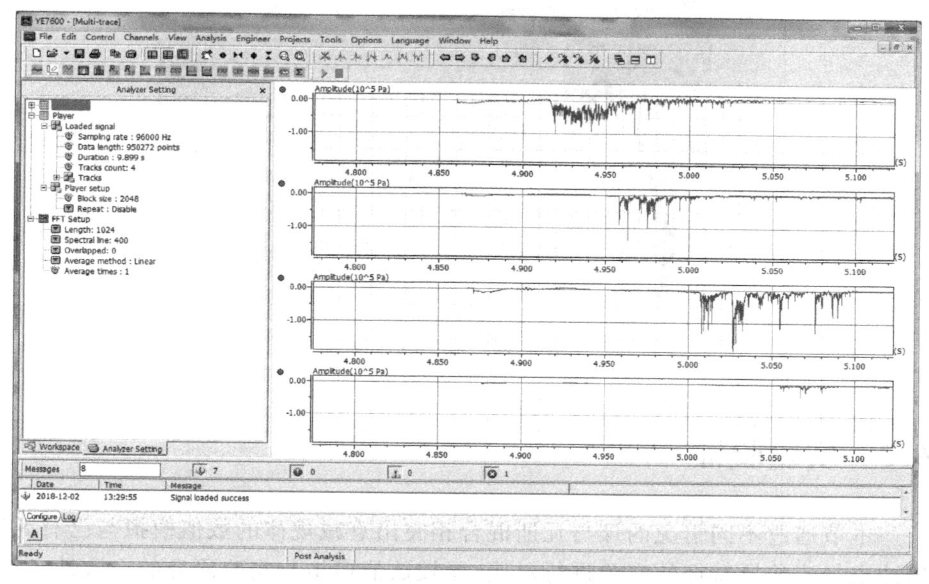

图 6.11 信号分析系统界面

(4) 数字风速仪

选用 HL-GT.30 数字风速仪(图 6.12)测量正常通风管道内的风速，该数字风速仪由测量探头、变送器和显示屏三部分组成，基于热耗散原理，性能稳定可靠，能保证快速且精确地测量微小风量、进度、宽量程比等参数，通过内部微控制器将检测数据进行全量程精确标定，线性补偿和温度补偿均实现数字化，精度和分辨率高；无零点漂移，长期稳定性极好，而且可耐瞬时的高风速和高风压。可以通过固定块将其安装在管道壁上进行风速测量。该数字风速仪的主要技术指标如下：

量程：0～30 m/s

精度：0.2% fs

分辨率：0.01 m/s

电源：AC(DC)24 V

输出信号：0～10 VDC；4～20 Ma

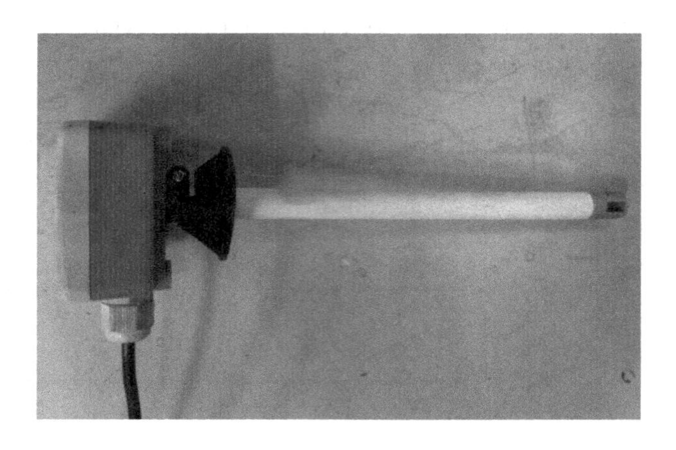

图 6.12　数字风速仪

6.3　实验验证

本节通过不同情况的煤与瓦斯混合相突出衰减规律的数值模拟与已有的突出冲击气流传播特征的实验进行对比，比较数值模拟与实验研究的一致性，以验证数值模拟的可行性，并进一步确定突出衰减的规律。

6.3.1　突出衰减规律数值模拟与实验的对比分析

6.3.1.1　直巷道突出模型对比

图 6.13 为煤层瓦斯压力为 1 MPa、0.75 MPa 时，不同煤粉体积分数两相煤粉瓦斯突出、单相瓦斯突出和突出冲击气流传播特征实验的冲击气流衰减规律的对比图。

从图 6.13 可以看出，不同煤粉体积分数下的两相煤粉瓦斯突出的冲击气流衰减规律和突出冲击气流传播特征实验下的衰减规律大致相同。但随着煤粉体积分数增高，监测面监测的冲击波峰值压力越低，这是因为冲击气流的一部分动能要用来克服煤粉阻力做功。模拟与实验得到的冲击气流衰减规律是比较一致的，说明 Fluent 软件模拟突出冲击气流传播特征是可行的，数值模拟能够揭示突出冲击气流传播的规律。

6.3.1.2　突出在不同类型巷道的衰减

冲击气流衰减系数按下式计算：

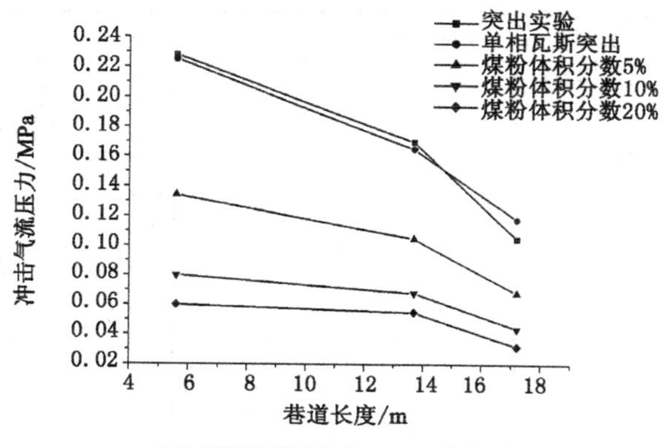

（1）煤层瓦斯压力为 1 MPa 时对比图

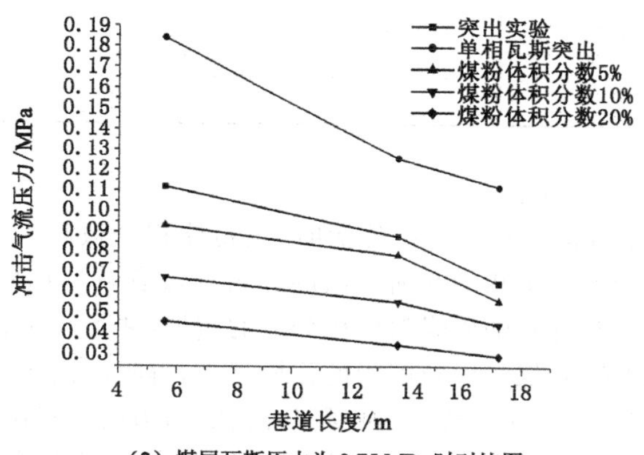

（2）煤层瓦斯压力为 0.75 MPa 时对比图

图 6.13 煤与瓦斯突出、瓦斯突出与突出实验的对比

$$k_{12}=\frac{\Delta p_1}{\Delta p_2},k_{23}=\frac{\Delta p_2}{\Delta p_3},k_{13}=\frac{\Delta p_1}{\Delta p_3}$$

式中，Δp_1、Δp_2和 Δp_3分别为截面 AB、CD 与 EF 监测的峰值压力，MPa。k_{12}、k_{23}、k_{13}分别为冲击气流由 AB 截面至 CD 截面、CD 截面至 EF 截面、AB 截面至 EF 截面的衰减系数。

表 6.1 为突出冲击气流在不同类型巷道中的衰减系数。

表 6.1　突出冲击气流在不同类型巷道中的衰减系数

巷道类型	突出压力/MPa	煤粉体积分数/%	p_2	p_3	k_{12}	k_{23}	k_{13}
直巷道	1 MPa	0	0.165	0.118	1.364	1.527	2.083
		5	0.105	0.068	1.276	1.458	1.861
		10	0.068	0.044	1.176	1.259	1.481
		20	0.055	0.032	1.091	1.184	1.326
	0.75 MPa	0	0.160	0.112	1.337	1.428	1.911
		5	0.079	0.056	1.203	1.411	1.696
		10	0.056	0.045	1.196	1.244	1.489
		20	0.035	0.030	1.142	1.167	1.333
T形巷道	0.75 MPa	0	0.132	0.068	1.348		2.617
		5	0.062	0.038	1.258		2.053
		10	0.044	0.031	1.364		1.935
		20	0.035	0.026	1.400		1.885

由表 6.1 可以得出：

① 突出冲击气流在直巷道中传播时，煤粉体积分数越大，冲击气流衰减系数越小，衰减得越慢。单相的瓦斯突出的冲击气流衰减要比两相煤粉瓦斯混合流的传播衰减得快，并且随着煤粉体积分数的增加，冲击气流衰减减慢。这是由于煤粉体积分数越高，煤粉颗粒解吸的瓦斯越多，解吸的瓦斯为冲击气流补充瓦斯源增大冲击气流的质量和能量，减缓了冲击波压力的衰减速度。

② 从直巷道冲击气流衰减规律可以看出，k_{12} 比 k_{13} 小得多，这说明突出发生后的前期，即在距离突出区域较近的巷道空间衰减得较慢，后期衰减得较快；从衰减系数的差值可以看出，随着煤粉体积分数的增大，衰减系数的差值在逐渐减小，这也说明煤粉颗粒使得冲击气流的衰减速度降低。

③ 从 T 形分叉巷道的监测数据可以看出，突出冲击气流在主巷道中衰减得较慢，衰减系数明显小于突出冲击气流在支巷道中的衰减系数，并且主巷道中的衰减规律与支巷道中的衰减规律成反比。

6.3.2　Fluent-Edem 耦合数值模拟与实验数据对比分析

本节中煤与瓦斯突出实验直巷道与第 3 章中模拟直巷道的尺寸一致，突出前均将突出腔装满煤粉，每组实验充入不同压力的瓦斯气体，实验中将 1 号、2 号、3 号和 4 号压力传感器分别设立在距离突出口 2 m、4 m、6 m 和 8 m 位置处，监测突出后相应位置处冲击两相流压力的变化情况，直巷截面示意图如图 6.14 所示。

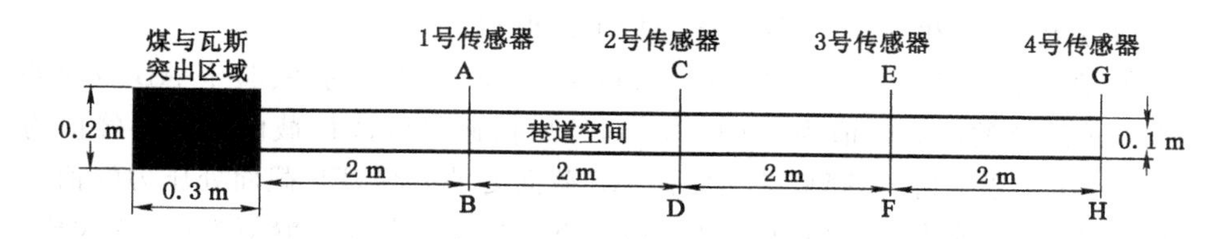

图 6.14 直巷截面示意图

图 6.15 为在该直巷道中，突出煤粉瓦斯压力为 $p=0.45$ MPa 时，实验中和数值模拟后 AB、CD、EF、GH 四个监测面处冲击气流相对全压力的监测曲线图。

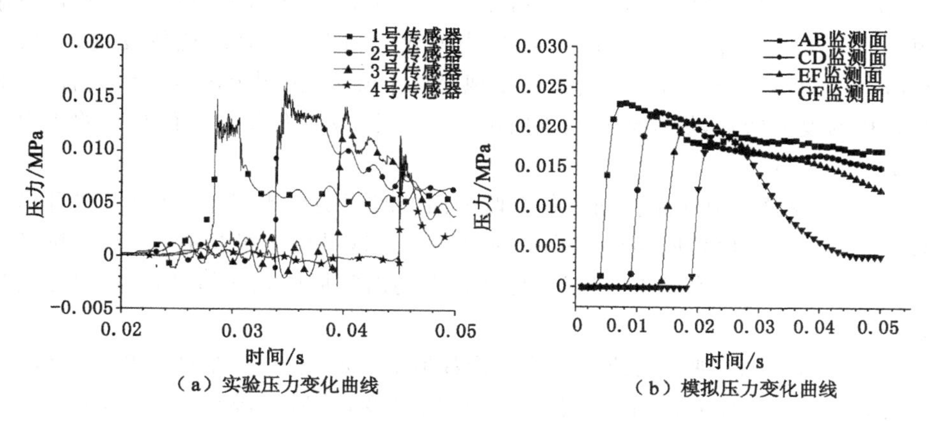

图 6.15 模拟与实验压力曲线

图 6.16 为在该直巷道中，突出煤粉瓦斯压力为 $p=0.75$ MPa 时，实验中和数值模拟后 AB、CD、EF、GH 四个监测面处冲击气流压力的监测曲线图。

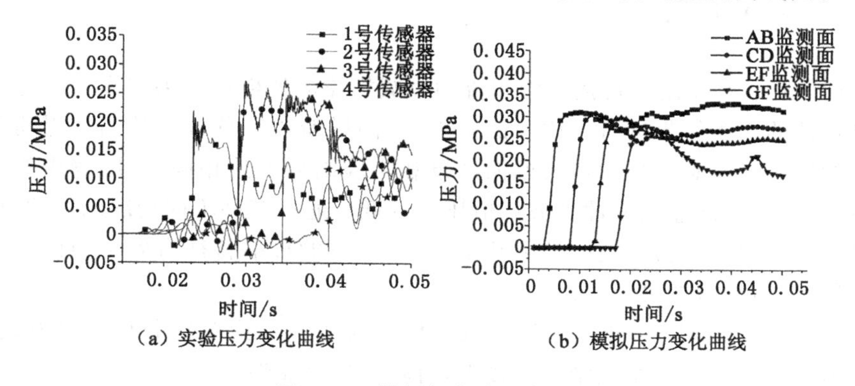

图 6.16 模拟与实验压力曲线

通过图 6.15 和图 6.16 的对比分析可以得到：

① 在突出压力为 0.45 MPa 时，通过图 6.15 可以得到：实验中 AB 截面处即 1 号传感器的压力峰值为 0.015 MPa，然后快速降低；CD 截面处压力峰值为 0.016 5 MPa，然后降低，降低的速度比 AB 截面处的要慢；EF 截面处压力峰值为 0.014 MPa，然后降低，降低速度较 CD 截面快；GH 截面处压力峰值为 0.012 MPa，接下来衰减的速度比 EF 截面更快。通过与模拟结果进行比对发现：模拟结果中各个截面同样具备这样的规律，即距离突出口越远的监测面，冲击两相流压力衰减越快。

② 当突出压力升高为 0.75 MPa 时，将图 6.16 与图 6.15 进行对比可以发现：实验及模拟中各监测面的压力峰值升高。冲击波到达各个监测面的时间缩短。同时可以发现，通过图 6.15(b)压力变化图与图 6.16(b)比较发现，各截面在压力达到第一个峰值后还会继续出现第二个峰值，说明突出压力增大后，瓦斯给煤粉的曳力增强，煤粉到达截面时的速度变大，从而使得整个两相流的压力出现第二次高点。

③ 耦合模拟中气流在到达各个监测面的时间明显比实验中要短，并且每个监测面的压力峰值较同条件实验中的值要高。这是由于模拟时，煤粉颗粒尺寸以及形状设置上与实验中有差异，导致在向突出腔加压充气的时候，模拟与实验有差距。

④ 综上所述，耦合模拟与实验结论数值上有所差异，但整体趋势是一致的。冲击波在到达各监测面后，监测面压力瞬时突变，然后缓慢衰减，距离突出口越远的监测面，冲击波压力衰减越快。随着突出压力增大，各个监测面由于煤粉的作用会出现第二个峰值压力位。

6.4 本章小结

(1) 通过对突出煤粉瓦斯两相流的衰减规律数值模拟结果与突出冲击气流传播特征的实验结果进行对比验证得出：不同煤粉体积分数下的两相煤粉瓦斯突出的冲击气流衰减规律数值模拟结果和实验结果大致相同，但随着煤粉体积分数增高，监测面监测的冲击波峰值压力变低。通过三种不同情况的对比，可以看出数值模拟与实验研究的结果基本一致，突出的传播特征有着类似的衰减规律，可见数值模拟的可行性。

(2) 通过将 Fluent-Edem 耦合数值模拟与实验结论对比分析可以发现，耦合数值模拟的结论与实验结果更接近，有较高的可靠性。

参考文献

[1] 张国枢.通风安全学[M].2版.徐州:中国矿业大学出版社,2011.

[2] 王凯,俞启香.煤与瓦斯突出的非线性特征及预测模型[M].徐州:中国矿业大学出版社,2005.

[3] 俞启香.矿井瓦斯防治[M].徐州:中国矿业大学出版社,1992.

[4] TORAÑO J,TORNO S,ALVAREZ E,et al. Application of outburst risk indices in the underground coal mines by sublevel caving[J]. International Journal of Rock Mechanics and Mining Sciences,2012,50:94-101.

[5] 于不凡.煤矿瓦斯灾害防治及利用技术手册[M].北京:煤炭工业出版社,2005.

[6] 李希建,林柏泉.煤与瓦斯突出机理研究现状及分析[J].煤田地质与勘探,2010,38(1):7-13.

[7] 蒋承林,俞启香.煤与瓦斯突出机理的球壳失稳假说[J].煤矿安全,1995,26(2):17-25.

[8] 梁冰,章梦涛.考虑时间效应煤和瓦斯突出的失稳破坏机理研究[J].阜新矿业学院学报,1997(2):129-133.

[9] 穆朝民.潘三矿煤巷掘进中煤与瓦斯突出过程的数值模拟[D].淮南:安徽理工大学,2006.

[10] 安丰华.煤与瓦斯突出失稳蕴育过程及数值模拟研究[D].徐州:中国矿业大学,2014.

[11] 颜爱华,徐涛.煤与瓦斯突出的物理模拟和数值模拟研究[J].中国安全科学学报,2008,18(9):37-42.

[12] PATERSON L. A model for outbursts in coal[J]. International Journal of Rock Mechanics and Mining Sciences & Geomechanics Abstracts,1986,23(4):327-332.

[13] BEAMISH B B,CROSDALE P J. Instantaneous outbursts in underground coal mines:an overview and association with coal type[J]. International Journal of Coal Geology,1998,35(1/2/3/4):27-55.

[14] 张庆贺.煤与瓦斯突出能量分析及其物理模拟的相似性研究[D].济南:山东大学,2017.

[15] 张再镕,杨胜强,张丽,等.一种数学方法对矿井突出后的瓦斯涌出量计算[J].煤矿安全,2008,39(7):20-23.
[16] 高建良,罗娣.巷道风流中瓦斯逆流现象的数值模拟[J].重庆大学学报,2009,32(3):319-323.
[17] 孙东玲,曹偈,熊云威,等.突出过程中煤-瓦斯两相流运移规律的实验研究[J].矿业安全与环保,2017,44(2):26-30.
[18] DZIURZYNSKI W, KRAWCZYK J. Computer simulation of air and methane flow following an outburst in transport gallery D-6, bed 409/4 [J]. The Journal of the Southern African Institute of Mining and Metallurgy, 2008, 108: 139-145.
[19] 黄双杰,马心校,蔡樱.突出瓦斯对通风系统影响的计算[J].矿业安全与环保,2000,27(2):16-18.
[20] 李慧,魏建平,王雪龙.低渗透突出煤破坏过程中瓦斯运移规律研究[J].煤矿安全,2019,50(7):1-4.
[21] 周俊.含水顶板条件下下向穿层钻孔抽采瓦斯运移规律研究[D].徐州:中国矿业大学,2018.
[22] 虎维岳,李静,王寿全.瓦斯在煤基多孔介质中运移及煤与瓦斯突出机理[J].煤田地质与勘探,2009,37(4):6-8.
[23] 程五一,陈国新.煤与瓦斯突出冲击波的形成及模型建立[J].煤矿安全,2000,31(9):23-25.
[24] 程五一,刘晓宇,王魁军,等.煤与瓦斯突出冲击波阵面传播规律的研究[J].煤炭学报,2004,29(1):57-60.
[25] 张强,孙玉荣,王晓勇,等.煤与瓦斯突出冲击波传播规律的研究[J].矿业安全与环保,2007,34(5):21-23.
[26] 苗法田,孙东玲,胡千庭.煤与瓦斯突出冲击波的形成机理[J].煤炭学报,2013,38(3):367-372.
[27]苗法田,孙东玲,胡千庭.煤与瓦斯突出冲击波的形成机制[C]//第七届全国煤炭工业生产一线青年技术创新文集,中国煤炭学会,2012:7.
[28] 孙东玲,胡千庭,苗法田.煤与瓦斯突出过程中煤-瓦斯两相流的运动状态[J].煤炭学报,2012,37(3):452-458.
[29] 李利萍,潘一山.煤与瓦斯突出瓦斯射流数值模拟[J].辽宁工程技术大学学报,2007,26(S2):98-100.
[30] 魏建平,朱会启,温志辉,等.煤与瓦斯突出冲击波传播规律实验研究[J].煤,2010,19(8):11-13.

[31] 朱会启.煤与瓦斯突出冲击波实验研究[D].焦作:河南理工大学,2010.

[32] 张玉明.煤与瓦斯突出后固气两相流在巷道中运动规律[D].青岛:山东科技大学,2008.

[33] ZHOU A T,WANG K. Airflow stabilization in airways induced by gas flows following an outburst[J]. Journal of Natural Gas Science and Engineering,2016,35:720-725.

[34] ZHOU A T, WANG K, WANG L, et al. Numerical simulation for propagation characteristics of shock wave and gas flow induced by outburst intensity [J]. International Journal of Mining Science and Technology,2015,25(1):107-112.

[35] ZHOU A T,WANG K,WU Z Q. Propagation law of shock waves and gas flow in cross roadway caused by coal and gas outburst[J]. International Journal of Mining Science and Technology,2014,24(1):23-29.

[36] WANG K, ZHOU A T, ZHANG J F, et al. Real-time numerical simulations and experimental research for the propagation characteristics of shock waves and gas flow during coal and gas outburst[J]. Safety Science,2012,50(4):835-841.

[37] 周爱桃,王凯,吴则琪,等.瓦斯风压诱导矿井风流灾变规律研究[J].中国矿业大学学报,2014,43(6):1011-1018.

[38] 周爱桃.瓦斯突出冲击气流传播及诱导矿井风流灾变规律研究[D].北京:中国矿业大学(北京),2012.

[39] 王凯,周爱桃,张建方,等.直角拐弯巷道中瓦斯突出冲击气流传播特征研究[J].中国矿业大学学报,2011,40(6):858-862.

[40] 吴爱军,蒋承林.煤与瓦斯突出冲击波传播规律研究[J].中国矿业大学学报,2011,40(6):852-857.

[41] 金侃.煤与瓦斯突出过程中高压粉煤-瓦斯两相流形成机制及致灾特征研究[D].徐州:中国矿业大学,2017.

[42] 孙东玲,曹偈,熊云威,等.突出过程中煤-瓦斯两相流运移规律的实验研究[J].矿业安全与环保,2017,44(2):26-30.

[43]李慈应.CFD-Edem耦合方法在气固两相流研究中的应用[C]//第二十五届全国空间探测学术研讨会,中国内蒙古满洲里,2012.

[44] 王学文,QIN YI,TIAN YAN-kANG,等.基于EDEM的煤仓卸料时煤散料流动特性分析[J].煤炭科学技术,2015,43(5):130-134.

[45] 李辉.煤矿负压钻进管内颗粒运移特性研究及钻进设备研发[D].焦作:河

南理工大学,2015.
[46] 胡维嘉.突出瓦斯-粉煤流冲击动力效应的理论和实验研究[D].北京:中国矿业大学(北京),2013.
[47] 唐巨鹏,于宁,陈帅.瓦斯压力对煤与瓦斯射流突出能量的影响[J].安全与环境学报,2017,17(3):943-948.
[48] 姚茜.煤与瓦斯突出影响因素耦合关系研究[J].长江工程职业技术学院学报,2016,33(4):13-16.
[49] HWANG W,EATON J K. Homogeneous and isotropic turbulence modulation by small heavy particles[J]. Journal of Fluid Mechanics,2006,564:361.
[50] 任立波.稠密颗粒两相流的 CFD-DEM 耦合并行算法及数值模拟[D].济南:山东大学,2015.
[51] 孙艳馥,王欣.爆炸冲击波对人体损伤与防护分析[J].火炸药学报,2008,31(4):50-53.
[52] 张志江,王立群,许正光,等.爆炸物冲击波的人体防护研究[J].中国个体防护装备,2009(1):8-11.
[53] 周爱桃.瓦斯突出冲击气流传播及诱导矿井风流灾变规律研究[D].北京:中国矿业大学(北京),2012.
[54] 苗法田,孙东玲,胡千庭.煤与瓦斯突出冲击波的形成机理[J].煤炭学报,2013,38(3):367-372.
[55] 于不凡.煤和瓦斯突出机理[M].北京:煤炭工业出版社,1985.
[56] 王凯,俞启香.煤与瓦斯突出的非线性特征及预测模型[M].徐州:中国矿业大学出版社,2005.
[57] 刘彦伟,浮绍礼,浮爱青.基于突出热动力学的瓦斯膨胀能计算方法研究[J].河南理工大学学报(自然科学版),2008,27(1):1-5.
[58] 唐俊,蒋承林,陈松立.煤与瓦斯突出强度预测的研究[J].煤矿安全,2009,40(2):1-3.
[59] 王福军.计算流体动力学分析:CFD 软件原理与应用[M].北京:清华大学出版社,2004.
[60] 李维新.一维不定常流与冲击波[M].北京:国防工业出版社,2003.